Imkern — Schritt für Schritt

FÜR EINSTEIGER — ALLE ARBEITEN RUND UMS JAHR

KASPAR BIENEFELD

KOSMOS

Inhalt

DIE SYMBOLE BEI DEN ÜBERSCHRIFTEN KENNZEICHNEN:

 die Arbeit der Bienen

 die Tätigkeit des Imkers

ZU DIESEM BUCH

Sich mit Honigbienen zu beschäftigen, ist nicht nur ökologisch sinnvoll, es ist außerdem sehr abwechslungsreich und ermöglicht jedem, naturverbunden zu leben. Leider gibt es immer weniger Menschen, die Bienenhaltung als Hobby betreiben.

Bei uns im Länderinstitut für Bienenkunde in Hohen Neuendorf werden etwa 300 Bienenvölker zu Forschungszwecken gehalten. Von Mai bis September bieten wir Führungen an. Dabei haben wir etwas Erstaunliches festgestellt: Am häufigsten kommen Kinder, Jugendliche und junge Erwachsene. Viele Schüler haben bei uns ein Praktikum in der Imkerei oder im Honiglabor gemacht und sind seitdem von Bienen gefesselt. Ein Leben ohne Honigbienen kann sich keiner von ihnen mehr vorstellen. „Was gefällt euch an Bienen?“, haben wir gefragt. Hier sind einige Antworten:

Immer in Bewegung – ankommende Sammelbienen vor dem Flugloch

— *„Jedes Bienenvolk ist anders. Man lernt jeden Tag etwas Neues hinzu, und trotzdem gibt es noch viele offene Fragen und Geheimnisse.“*

— *„Ich bin jetzt oft draußen in der Natur und habe sehr viele Dinge gelernt, die ich vorher nicht wusste. Ich finde die gut organisierte Arbeitsteilung im Bienenvolk sehr beeindruckend, da könnten die Menschen sich viel abschauen.“*

— *„Am meisten Spaß macht das Wandern mit Bienen. Das ist eine Mischung aus Arbeit, Abenteuer und Urlaub, wenn man mit mehreren Leuten fährt. Oft finden wir gute Standorte für Bienen und Menschen. Im Sommer kann man im Wohnwagen oder im Zelt übernachten, Lagerfeuer anzünden, in schönen Seen baden und drei bis vier Wochen später köstlichen Honig ernten.“*

— *„Es gibt viele Bienenvölker, die sehr sanftmütig sind. Man wird zwar ab und an gestochen, aber dann liegt es oft am Wetter oder daran, dass man sich selbst ungeschickt verhalten hat. Mir tut ein Bienenstich nicht mehr richtig weh, meist juckt es nur noch ein bisschen.“*

Arbeiterinnen bei der Futterübergabe

— *„Durch die Arbeit an den Bienen vergisst man die Zeit. Ich habe eine richtige Leidenschaft für Bienen entwickelt und würde gern bis ans Ende meines Lebens etwas mit Bienen zu tun haben."*

— *„Ich habe beobachtet, dass es in unserem Garten sehr wenige Bienen gibt, die Pflanzen bestäuben. Das fand ich sehr schade. Da ich gerne aktiv etwas für Natur- und Umweltschutz tun wollte, habe ich meine Eltern dazu überredet, in unserem Garten ein Bienenhaus aufzustellen. Ich erledige die Arbeit und meine Eltern freuen sich am Summen der Bienenvölker."*

Die Antworten machen es deutlich: Bienen sind weder langweilig noch gefährlich. Im Gegenteil, sie gehören zu den faszinierendsten Bewohnern dieser Erde. Wir möchten Sie mit diesem Buch für Bienen begeistern und Sie mit vielen praktischen Tipps bei der Bienenhaltung unterstützen.

Prof. Dr. Kaspar Bienefeld
Bieneninstitut Hohen Neuendorf

DER TRAUM VOM IMKERN

— Faszination eines besonderen Hobbys

GUTE VORAUSSETZUNGEN

WIE WIRD MAN IMKER?

Jeder, der Bienen halten möchte, muss prüfen, ob er/sie die nötigen Voraussetzungen mitbringt. Man sollte nicht allergisch auf Bienenstiche reagieren – falls dieser seltene Fall jedoch auftritt, ist eventuell eine Desensibilisierung durch den Allergologen möglich. Vor allem muss die Bereitschaft vorhanden sein, sich grundlegende theoretische und praktische Kenntnisse über Bienen anzueignen. Eine gute Beobachtungsgabe, Fingerspitzengefühl und handwerkliches Geschick sind ebenfalls günstige Voraussetzungen. Die Fähigkeit, sich in ein Bienenvolk hineinversetzen zu können und dessen Bedürfnisse zu erkennen, ist zum Glück nicht angeboren, sondern erlernbar. Wer mit dem Gedanken spielt, Bienen zu halten, sollte einem Imker erst einmal „über die Schulter" schauen, am besten zusätzlich einen Anfängerkurs besuchen, und danach entscheiden, ob Bienen das Richtige für ihn sind.

Man muss nur eine ruhige Hand bewahren, dann kommen die Bienen ganz nah.

GESETZLICHE BESTIMMUNGEN

Wie alles in Deutschland ist auch die Bienenhaltung durch Gesetze und Verordnungen geregelt. Das Bürgerliche Gesetzbuch (BGB) legt fest, ob in einem bestimmten Gebiet Bienen gehalten werden dürfen und welche Rechte und Pflichten ein Bienenhalter hat. Die „Ortsüblichkeit" der Bienenhaltung muss durch entsprechenden Beschluss der zuständigen Gemeinde- bzw. Stadtverwaltung herbeigeführt werden. Da Honigbienen verstärkt auf Sanftmut gezüchtet worden sind, gilt die Bienenhaltung oft sogar in vielen Außenbezirken von Großstädten als ortsüblich. Eine Auskunft darüber, ob das Halten von Bienenvölkern ortsüblich und damit zulässig ist, erteilt die zuständige Verwaltung. Im Zweifelsfall kann man sich auch an den nächsten Imkerverein wenden. Siehe auch S. 118.

HAFTUNG DES TIERHALTERS

Nach § 833 und § 834 BGB ist die Honigbiene nicht als Haustier anerkannt, da sie frei fliegt und sich nicht zähmen lässt. Das führt zu einer besonderen Auslegung der Tierhalterhaftung. Anders als bei Haustieren haftet ein Bienenhalter für alle Schäden, die seine Bienen anrichten, auch dann, wenn er seine Sorg-

Neben den freistehenden Magazinbeuten sind gerade im deutschsprachigen Raum Bienenhäuser sehr beliebt.

faltspflicht vollständig erfüllt hat. Es ist deshalb unbedingt notwendig, eine Haftpflichtversicherung abzuschließen. Wer Mitglied in einem Imkerverein wird und Beiträge zahlt, erhält zu sehr günstigen Bedingungen gleichzeitig eine Haftpflicht-, Rechtsschutz- und Unfallversicherung.

DER RICHTIGE STANDORT

Wer Bienenvölker halten möchte, braucht nicht unbedingt einen eigenen Garten. Oft findet man auch jemanden im Verwandten- oder Freundeskreis, der bereit ist, seinen Garten oder sein Wochenendgrundstück zur Verfügung zu stellen. Gut geeignet sind auch Waldränder oder windgeschützte Wiesen. Man kann dazu mit dem Förster oder den Bauern Kontakt aufnehmen, denen die entsprechenden Flächen gehören. Optimal ist ein Standort, in dessen näherem Flugradius (bis zu 3 km) viel abwechslungsreiches Grün zu finden ist, wie z. B. Klein- und Vorgärten, Parkanlagen, Streuobstwiesen, Alleen, Misch- und Nadelwald. Bienen bevorzugen sonnige, warme und trockene Standorte mit Orientierung (des Fluglochs) in südliche Richtung.

AUFSTELLUNG DES BIENENSTOCKS

Vorsorglich sollte jeder Bienenstock so aufgestellt werden, dass für Nachbarn und Anwohner keine wesentlichen Beeinträchtigungen entstehen. Hauptsächlich stechen ältere Bienen eines Volkes, die zum Flugloch ein- und ausfliegen und dabei nicht gestört werden sollten. Darum werden Bienenstandorte immer so gewählt, dass der Bienenflug nicht direkt über einen Weg führt. Man kann die Flugrichtung auch durch hohe Hecken oder Zäune ablenken. Wenn Bewohner auf benachbarten Grundstücken Gefahr laufen, häufig gestochen zu werden, kann die Bienenhaltung per Gerichtsbeschluss untersagt werden.

Leiden Nachbarn bekanntermaßen an einer Bienengiftallergie, ist der gewählte Standort für eine künftige Bienenhaltung auf keinen Fall geeignet.

AUSRÜSTUNG DES IMKERS

Wer Bienen halten will, braucht als Erstes natürlich Bienen. Um gesunde und sanftmütige Tiere zu bekommen, ist es am besten, sich an einen regionalen Imkerverein zu wenden. Im Frühjahr werden überwinterte Bienenvölker verkauft. Preiswerter ist es jedoch, im Mai oder Juni Ableger, d. h. kleine Völker, zu kaufen und diese selbst durch den Winter zu bringen.

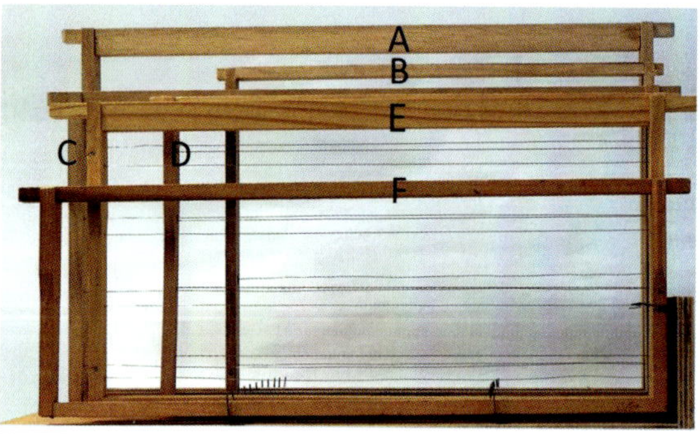

Rähmchen bestehen aus einem Oberträger, zwei Seiten- und einem Unterteil. Mit den beiden „Ohren“ hängt es in der Zarge.

VERBREITETE RÄHMCHENMASSE

A = Dadantmaß: 460 × 270 mm
B = Kuntzschmaß: 330 × 250 mm
C = Langstrothmaß: 448 × 232 mm
D = Deutsch-Normalmaß: 370 × 223 mm
E = Zandermaß: 420 × 220 mm
F = 2/3 Langstrothmaß: 448 × 159 mm

AUSWAHL DES RÄHMCHENS

Bienen werden meist nicht „lose“ verkauft. Sie sitzen auf Waben, die in ein Rähmchen bestimmter Größe hineingebaut wurden. Der Fachhandel bietet eine Vielzahl unterschiedlich großer Rähmchen an. Erfahrungsgemäß ist es günstig, das Maß zu verwenden, das in der Region am stärksten verbreitet ist oder im Imkerverein verwendet wird. Man kann dann leichter passende Tipps und praktische Hilfe bekommen.

☞ *Vorsicht: Nicht jedes Rähmchen passt in jede Beute! Damit Rähmchen und Bienenwohnung möglichst perfekt zusammen passen, muss gründlich geprüft werden, welche zum gewählten Rähmchenmaß passt.*

AUSWAHL DER BIENENWOHNUNG

Wir raten aus mehreren Gründen dazu, Magazine – auch Oberbehandlungsbeuten genannt – als Bienenwohnung zu wählen. Sie verfügen über eine einfache, dem Bienenvolk angepasste Bauart, und das darin befindliche Volk kann schnell und problemlos bearbeitet werden. Magazinbeuten lassen sich im Freien ohne zusätzliche Schutzvorrichtungen aufstellen und können gut transportiert werden. Jedes Magazin wird aus Einzelteilen zusammengesetzt. Dazu gehören ein sogenanntes Bodenbrett, meist ein hoher Unterboden, mehrere Zargen (= einzelne, getrennte Räume) und ein Deckel. Die Zargen bestehen nur aus Seitenwänden und sind stapel- und austauschbar. Durch das Übereinanderstellen von Zargen kann ein Magazin beliebig vergrößert werden. In jede Zarge können auf Seitenschienen acht bis zwölf Rähmchen gehängt werden.

Der Magazinboden dient vor allem zur Lüftung, in ihn ist auch das Flugloch eingearbeitet. Das Flugloch lässt sich durch einen Fluglochkeil verkleinern oder ganz verschließen. Auf den Magazinboden wird eine Bausperre aus Holz gelegt, damit die Bienen nicht nach unten bauen können.

Empfehlenswert ist ein Gitterboden, der eine Wanne aus Kunststoff für die Varroakontrolle aufnehmen kann. Der offene Gitterboden sorgt dafür, dass keine Waben verschimmeln und die Bienen stets Kontakt zur Außentemperatur haben. Zwei Deckel, ein gut isolierter Innendeckel und ein Außendeckel aus Blech, bilden den oberen Abschluss. Die oberste Zarge wird mit einer Folie abgedeckt, damit die Bienen keine Wachsbrücken zwischen den Waben und dem Deckel bauen.

Blechhaube (1), Innendeckel (2), Folie (3), Honigraumzarge (4), Absperrgitter (5), Obere Brutraumzarge (6), Untere Brutraumzarge (7), Bausperre (8), Boden mit Fluglochblende (9), Bausperre von oben (10)

Wer gebrauchte Beuten kauft oder geschenkt bekommt, sollte diese gründlich mit einem Stockmeißel auskratzen und desinfizieren.

HOLZ- UND KUNSTSTOFFBEUTEN

Im Norden sind Kunststoffbeuten und kleine Waben (Normalmaß) stark verbreitet, im Süden werden Holzbeuten und große Waben (Langstroth, Zander) bevorzugt. Die Entscheidung für Holz oder Kunststoff setzt voraus, Vor- und Nachteile beider Beutentypen zu kennen.

Kunststoffbeuten sind um einiges leichter als Holzbeuten und isolieren besser. Als Nachteil erweist sich manchmal die geringe Atmungsaktivität des Kunststoffs. Diese kann man jedoch durch geeignete Maßnahmen (z. B. Lüftungsgitter im Boden) ausgleichen. Holzbeuten sind lange haltbar und können aus vorgefertigten Bausätzen selbst gebaut werden. Weil Holz ein nachwachsender Rohstoff ist, wird die Umwelt am wenigsten belastet.

Im Fachhandel werden bevorzugt Bienenkästen aus Weymouthskiefer angeboten, da dieses Holz sehr leicht und grobporig ist und sehr viel besser isoliert als Harthölzer. Außerdem sind Holzbeuten nach dem Auftreten ansteckender Krankheiten sehr gut für eine Hitzedesinfektion geeignet.

DIE RICHTIGE ENTSCHEIDUNG

Wir empfehlen jedem Anfänger, verschiedene Bienenwohnungen anzuschauen und deren Gewicht und Beweglichkeit zu prüfen. Entscheidend sind neben regionalen Faktoren vor allem die persönlichen Bedürfnisse und die eigene körperliche Konstitution.

SCHUTZBEKLEIDUNG UND ARBEITSGERÄTE

Neben den Beuten benötigt man eine Schutzbekleidung und spezielle Arbeitsgeräte. Ein Imkerhut mit Schleier, ein Smoker (Raucher), ein Stockmeißel und ein Abkehrbesen sind notwendige Utensilien, die bereits bei der ersten Volksbearbeitung benötigt werden.

An heißen Tagen ist ein Wasserzerstäuber hilfreich, um die Bienen zu beruhigen.

Alle weiteren Arbeitsgeräte können nach und nach besorgt werden. Sie werden auf S. 13 näher erläutert.

Neben der Grundausrüstung braucht man einen geeigneten Platz, an dem man seine Bienenvölker aufstellen kann, und einen Raum zum Lagern der Bienenwaben, der Geräte, des Honigs und des Futters.

☞ GRUNDAUSRÜSTUNG FÜR IMKER

GRUNDAUSSTATTUNG UND SCHUTZBEKLEIDUNG	CA. PREISE IN EURO
2 Bienenvölker à 150 Euro	300
4 Magazine à 120 Euro	480
Rähmchen gehören meist nicht zur Ausstattung der Beuten, müssen deshalb extra gekauft werden (100 Stück)	100
Mittelwände zum Befestigen (Einlöten) in die Rähmchen, 3 kg à 8 Euro	24
4 Absperrgitter (à 8 Euro) dienen zur Trennung von Brut- und Honigraum	32
Hut mit Schleier erleichtert ein ruhigeres Arbeiten. Wir empfehlen, den Schleier immer zu tragen.	20
Handschuhe sind nur am Anfang notwendig, im Lauf der Zeit weglassen.	10
Imker-Overall aus glattem, strapazierfähigem Gewebe. Weiße Kleidung wirkt auf Bienen beruhigend.	50
Zwischensumme	**1.016**
NOTWENDIGE ARBEITSGERÄTE	
Smoker zur Raucherzeugung. Bienen werden bei der Durchsicht des Volkes verträglicher.	30
Stockmeißel zum Lösen der Waben und zum Entfernen von Wachs an verklebten Beutenteilen	8
Abkehrbesen, um Brut- und Honigwaben bienenfrei zu bekommen. Beim Abfegen ist am oberen Wabenrand zu beginnen und der Besen schräg nach unten zu halten. Bienen nicht „einrollen".	4
Weiselfänger, um diese während der Durchsicht vorübergehend abzufangen	3
Wasserzerstäuber wird oft bei der Bearbeitung von Bienenvölkern eingesetzt. Fein versprühtes Wasser schränkt ihre Bewegungsfähigkeit ein. Bienenschwärme werden immer vor dem Einschlagen besprüht.	5
1 Zusetzkäfig zum Zusetzen der Königin	2
Zwischensumme	**52**
GERÄTE ZUR HONIGGEWINNUNG	
Entdeckelungsgeschirr, um die Wachsdeckel von den gefüllten Honigwabenzellen zu entfernen	120
Entdeckelungsgabel, um die Zelldeckel abzuheben und die Waben für die Schleuderung vorzubereiten	10
Honigschleuder: Eine handbetriebene Vier- Wabenkorbschleuder ist ausreichend	400
Edelstahl-Doppelsieb, bestehend aus einem grobmaschigen und einem feinmaschigen Teil (damit werden kleinste Wachsteilchen und Verunreinigungen nach dem Schleudern zurückgehalten)	25
Handrührgerät („Auf und Ab") oder „Rührpropeller" für Bohrmaschine mit Adapter – notwendig, da während des Kandierungsprozesses der Honig gerührt werden muss	30–50
4 Honigeimer	12
Zwischensumme	**597-617**
WEITERE GERÄTE	
Schwarmfangkasten, um einen „entwischten" Schwarm einzufangen	25
Sonnenwachsschmelzer zum Einschmelzen von kleineren Mengen Wachs	100
Abfüllkübel mit Deckel und Quetschhahn, zum Abfüllen von ca. 50 kg Honig	100
Waage, um eine exakte Menge an Honig in Gläser abzufüllen	20
Honiggläser und Etiketten: Das Etikett muss die genaue Bezeichnung des Produkts, Honigmenge und Adresse des Imkers ausweisen (100 Stück)	25
Zwischensumme	**270**
Gesamtsumme	**1935-1955**

RICHTIGER UMGANG MIT BIENEN

01

02

Als Anfänger sollte man immer Arbeitsschutzbekleidung tragen und einen Imkerhut mit Schleier aufsetzen.

- Starke Gerüche, Schweiß, aber auch intensiv riechende Kosmetika verleiten die Bienen zum Stechen. Auf Parfums und Deodorants sollte man deshalb verzichten, wenn man zu den Bienen geht.
- Keine glänzenden Gegenstände (Uhren oder Schmuck) tragen. Ringe stets ablegen, da sie schon einen leicht anschwellenden Finger abschnüren können.
- Vor Beginn der Volksbearbeitung immer den Smoker anzünden und etwas Rauch geben.
- Hektische Handbewegungen reizen die Bienen zum Angriff. Deshalb ruhig bewegen und ruckartige Handgriffe vermeiden.
- Bei der Bearbeitung der Völker zwischendurch die Hände in klarem Wasser waschen.

01 Ruhige Arbeitsweise beim Imkern ergibt auch ruhige Bienen.

02 Pollensammlerin auf Krokusblüte. Pollen ist Grundlage für die Eiweißversorgung der Brut.

03 Sanftmütige und wabenstetige Bienenvölker sind nicht nur für den Anfänger von Vorteil.

04 Ein gut sitzender Schleier ist unverzichtbar, denn Stiche im Gesicht sind zu vermeiden.

05 Imkerwerkzeug (v.l.n.r.): zwei unterschiedliche Stockmeißel, Abkehrbesen, Weiselfänger (Klippkäfig), Smoker

03

04

05

Trotz aller Vorsichtsmaßnahmen wird es sich nicht vermeiden lassen, dass man ab und an gestochen wird. Wird der Stachel sofort entfernt, verringert sich die Gifteinwirkung. Dazu schiebt man den Stachel mit dem Fingernagel heraus. Zusätzlich kann man die Stichstelle kühlen, und bald ist der Stich vergessen.

Eine leichte Schwellung um die Stichstelle herum ist normal. Starke Schwellungen, Verfärbungen, Übelkeit, Kreislaufstörungen oder gar Atemnot sind Anzeichen für eine allergische Reaktion. Bei allergischen Erscheinungen sowie bei Stichen im Mund- oder Rachenraum muss sofort ein Arzt verständigt werden (Notarzt: 112).

SPÄTSOMMERPFLEGE

— *Mitte August geht es los*

FITNESS FÜR DEN WINTER

ANKÜNDIGUNG DES WINTERS

Bereits im August geht der Sommer dem Ende entgegen. Die Wiesen und Felder werden abgeerntet, und die Landschaft wird kahler. Mit der Tag-und-Nacht-Gleiche am 23. September beginnt der Spätsommer, auch Altweibersommer genannt. Er bietet die zuverlässigste, aber auch die letzte schöne, warme Hochdruckwetterphase des ganzen Jahres. Oft ist es fast windstill und die Luft besonders klar. Von nun an werden die kühleren Nächte wieder länger, die oft noch sonnigen und durchaus noch warmen Tage kürzer. Die Bäume legen bunte Herbstkleider an, und viele Wildtiere sammeln Vorräte für den nahenden Winter.

Drohn (männliche Biene): Sie ist am breiten Körper und den riesigen Facettenaugen zu erkennen; Körperlänge 1,5–1,7 cm. Königin: Sie hat einen auffallend langen, dünnen Hinterleib; Körperlänge 2–2,5 cm.
Arbeiterin: Körperlänge 1,2–1,4 cm

DIE DREI BIENENWESEN

Nur vom Frühling bis zum Hochsommer leben im Bienenvolk drei Bienenwesen: eine Königin (auch Weisel genannt), einige hundert männliche Bienen, die Drohnen, und 30.000 bis 50.000 weibliche Arbeiterinnen.
Die Arbeiterinnen erledigen alle überlebensnotwendigen Tätigkeiten wie Nahrung sammeln, Wasser holen, Wabenbau, Brutpflege, Putzen und Verteidigung. Die Königin sorgt für die Eiablage und den Zusammenhalt des Volkes. Sie produziert Duftstoffe, auch Pheromone genannt, die an alle Bienen weitergereicht werden. Die verteilten Duftstoffe vermitteln dem Bienenvolk das beruhigende Gefühl, eine Königin zu haben, und tragen zu seinem charakteristischen Stockgeruch bei. Der einzige Lebenszweck der Drohnen ist die Begattung der Königinnen im Frühjahr. Mit Beginn des Hochsommers wird die Nahrung für die Bienen knapper und die überflüssig gewordenen Drohnen werden von den Arbeiterinnen nicht mehr versorgt und aus dem Stock gezerrt.
Im Juli/August kommt es zum Abtrieb der Drohnen, der sogenannten „Drohnenschlacht“. Die stachellosen, meist bereits geschwächten Drohnen sind den weiblichen Arbeitsbienen jedoch hoffnungslos unterlegen. Daher ist das Bienenvolk im Herbst und Winter ein reines „Frauenvolk“.

Die Königin wird ständig von einem Hofstaat begleitet, der sie füttert und pflegt.

BILDUNG DES WINTERVOLKES

Schon im Hochsommer bereiten sich die Bienen auf die kalte Jahreszeit vor. Ab Juli fängt das Volk an, Bienen für den Winter zu erbrüten. Die von August bis Oktober schlüpfenden Bienen sind überwiegend Winterbienen und bilden das Wintervolk. Sie sind die ersten aktiven Bienen im Frühjahr. Daher beginnt – biologisch gesehen – jedes neue Bienenjahr immer im August.

Die Überwinterung des Gesamtvolkes ist eine Besonderheit der Honigbiene. Im Gegensatz zu vielen anderen sozialen Insekten, bei denen nur die Königin den Winter überlebt und diese im Frühjahr erst ein Volk neu aufbauen muss, überwintern die Bienen in einer Gemeinschaft. Deshalb sind sie auch bereits im Vorfrühling – beim Aufgehen der ersten Blüten – in großer Zahl vorhanden.

LEBENSDAUER DER BIENEN

Die Lebenszeit einer Honigbiene hängt in erster Linie davon ab, ob sie als Winter- oder Sommerbiene „programmiert" ist. Die Intensität der Brutpflege ist hierbei entscheidend. Eine Sommerbiene wird nur drei bis sechs Wochen alt. Sie muss sehr viel arbeiten und Brut aufziehen und verbraucht sich schnell. Daher ist sie sozusagen eine „Turboausführung". Die Hauptaufgabe der Winterbiene besteht darin, sich „vollzufressen" und den Winter zu überdauern. Da der Winter fünf, sechs Monate dauern kann, haben die Winterbienen eine sehr viel längere Lebensdauer. Sie werden bis zu neun Monate alt.

Das längere Leben gelingt den Winterbienen jedoch nur dann, wenn sie genügend Vorräte haben und sich ein ordentliches Fett-Eiweiß-Polster anfressen können. Pollen ist der notwendige Grundstoff. Nur wenn die Winterbienen in ihren ersten zehn Lebenstagen genügend vollwertigen Pollen aufnehmen und keine Brut aufziehen müssen, überleben sie den Winter und haben ausreichende Reserven, um die kommende Frühjahrsbrut zu ernähren. Um erfolgreich überwintern zu können, müssen zu Winterbeginn mindestens 10.000 Bienen vorhanden sein.

AUFGABEN DER SPÄTSOMMERPFLEGE

Die Spätsommerpflege unterstützt die natürlichen Vorgänge im Bienenvolk. Sie beginnt nach der letzten Honigernte und ist eine der wichtigsten imkerlichen Aufgaben überhaupt. Von ihr hängt es ab, ob die Bienen als gut versorgte und starke Völker durch den Winter kommen.

Zur Spätsommerpflege gehören eine gründliche Durchsicht der Bienenvölker, das Einrichten des Wintersitzes, das Einfüttern der Bienen für den Winter sowie eine – in den letzten Jahren notwendig gewordene – Bekämpfung der Varroamilbe. Das Ergebnis der Durchsicht entscheidet darüber, ob ein Bienenvolk eingewintert werden kann oder nicht. Dazu prüft man die Größe des Bienenvolkes und den Zustand des Brutnestes.

KLEINE WABENLEHRE

Wer zum ersten Mal ein Bienenvolk überprüft, sollte wissen, dass sich in jedem Bienenvolk unterschiedliche Waben befinden. Es gibt Waben, die ausschließlich Honig, Futter oder Pollen enthalten (vgl. dazu S. 29), Waben, auf denen sich Brut befindet, sowie Leerwaben und Mittelwände.

Absperrgitter: trennt Brut- von Honigraum

Mittelwand: dünne, geprägte Wachsplatte

Unbebrütete Leerwabe

Bebrütete Leerwabe: dunkle Puppenhäutchen

ÜBERPRÜFUNG DER VOLKSSTÄRKE

In Magazinbeuten befindet sich der Brutraum unter dem Honigraum. Er ist in der Trachtzeit durch ein Absperrgitter vom Honigraum getrennt. Im Brutraum wird die Brut gepflegt und im Honigraum der größte Teil des Honigs gelagert. Im Spätsommer umfasst der Brutraum meist zwei Zargen.

Das Bienenvolk sollte in jeder Brutraumzarge möglichst vier bis fünf Brutwaben haben und insgesamt mindestens acht Waben voll mit Bienen besetzen. Dann kann man sich sicher sein, dass eine leistungsfähige Königin vorhanden und das Volk groß genug ist, um das Winterfutter auch aufnehmen und umarbeiten zu können.

BRUTKONTROLLE

Als Erstes hebt man den Magazindeckel ab und gibt ein bis zwei Rauchstöße in die Wabengassen. Durch Wachs und Kittharz verbaute Waben werden mit einem Stockmeißel gelockert. Vorsichtig zieht man eine Wabe aus der Mitte des Bienensitzes heraus und prüft, ob Brut in allen Entwicklungsstadien vorhanden ist. In einem vollständigen Brutnest müssen Eier, junge und ältere Larven und vor allem verdeckelte Arbeiterinnenbrut zu sehen sein (siehe S. 22 und S. 28).

EINRICHTEN DES WINTERSITZES

Sind die notwendigen Voraussetzungen erfüllt, wird der Wintersitz für die Bienen eingerichtet. Hier geht es vor allem darum, die Raumgröße der aktuellen Stärke des Volkes anzupassen und Platzreserven für die Einlagerung des Winterfutters zu schaffen. Außerdem müssen die vorhandenen Waben begutachtet und auf Krankheitsanzeichen geprüft werden (siehe S. 42–43).

Brutzellen: verschlossen mit Wachsdeckel

Lockern von verbauten Waben mit Stockmeißel

Nach Anheben des Magazindeckels wird mit dem Smoker ein Rauchstoß in die Wabengasse gegeben.

Dicht mit Bienen besetzte Wabe. Zur besseren Handhabung wird die Wabe manchmal hochkant gehalten.

Auf Brutwaben befinden sich Eier, Rund- und Streckmaden sowie verdeckelte Arbeiterinnenbrut.

Im August sollten alle Wabengassen einer Brutraumzarge mit Bienen gefüllt sein.

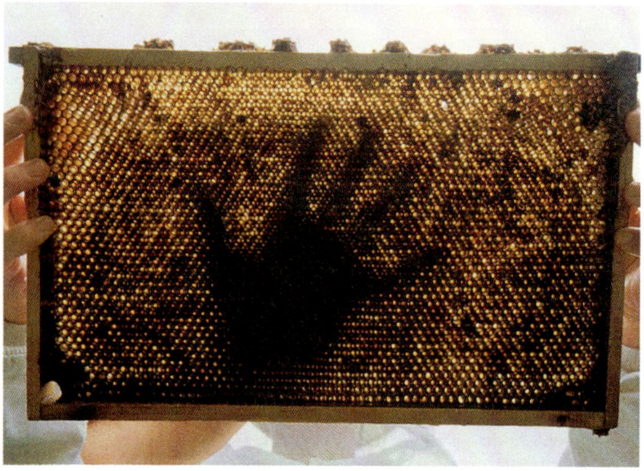

Hinter dieser Wabe ist der Schatten der Hand gut zu erkennen.

HANDPROBE

Um eine gesunde Überwinterung zu gewährleisten, werden alle alten, dunkelbraunen Waben sowie gelbe (unbebrütete) Waben entfernt. Um das Alter der Waben zu prüfen, führt man die „Handprobe“ durch. Die zu prüfende Wabe wird gegen das Licht und eine Hand hinter die Wabe gehalten. Ist die Hand nicht zu erkennen, so ist die Wabe alt und nicht mehr zu gebrauchen. Hinter hell- bis mittelbraunen Waben ist der Schatten der Hand gut zu erkennen. Nur solche Waben sollten für das Einrichten des Wintersitzes genommen werden. Überzählige Leerwaben werden in einer Leerzarge oder einem Wabenschrank aufbewahrt, um sie im Frühjahr erneut zu verwenden.

ZWEI-RAUM-ÜBERWINTERUNG

Im Normalfall haben Magazinvölker im Spätsommer zwei Bruträume und einen Honigraum und werden auf zwei Räumen (= Zargen) eingewintert. Sollten Bienen und Brut nicht ausreichen, um zwei Zargen dicht zu besetzen, wird das Volk auf einer Zarge überwintert. Für das Einrichten des Wintersitzes benötigt man eine leere Zarge, mit Deckel und Boden, und 4 bis 5 leere Waben.

Arbeitsschritte bei der Zwei-Raum-Überwinterung

☞ Sortieren der unteren Brutraumzarge

1. Honigraumzarge abnehmen und an die Seite stellen.
2. Absperrgitter entfernen.
3. Obere Brutraumzarge abnehmen und beiseite stellen.
4. Untere Brutraumzarge zuerst sortieren, da sich in ihr die Flugbienen befinden, die unruhig bzw. aggressiv werden können, wenn man sie zu lange stört. Alle dunkelbraunen Waben herausnehmen und in die Leerzarge hängen.
5. Jede Brutwabe herausziehen und auf Krankheitsanzeichen überprüfen. Sieht man Brutzellen und Brut, die in Farbe und Beschaffenheit vom Normalzustand abweichen (siehe S. 43), sollte man am besten einen erfahrenen Imker um Rat fragen.
6. Sechs Brutwaben in die Mitte hängen. Sind weniger vorhanden, wird die fehlende Menge an Brutwaben aus der anderen Zarge genommen.
7. Rechts und links vom Brutnest je eine Pollenwabe hängen, an eine Seite eine Leerwabe und an die Ränder je eine möglichst volle Futterwabe.
8. Beim Ordnen der Waben darauf achten, dass die Königin nicht beschädigt wird.
9. Möglichst schnell arbeiten, damit keine „Räuberei“ entsteht (siehe S. 31).
10. Die Bausperre entfernen und die untere Brutraumzarge auf den Magazinboden setzen.

☞ Sortieren der oberen Brutraumzarge

1. Alle dunkelbraunen Waben herausnehmen und in die Leerzarge hängen.
2. Alle vorhandenen Brutwaben (in der Regel drei bis fünf) in die Mitte rücken. Rechts und links vom Brutnest wieder je eine Pollenwabe hängen, anschließend je eine Leerwabe und eine Futterwabe. Ist noch Platz vorhanden, kommt an die Ränder jeweils eine weitere Leerwabe.
3. Alle Bienen von den aussortierten Altwaben und den Waben des Honigraums in das neu geordnete Volk fegen.

Möglichst nicht zu dunkle Waben verwenden.

Die Bienen werden abgefegt. Dann wird die Folie wieder aufgelegt und der Deckel geschlossen.

4. Folie auflegen und Bienenvolk verschließen.
5. Die Honigzarge mit Deckel und Boden verschließen und zum Schleudern mit nach Hause nehmen.

KEINE/WENIG BRUT, DROHNENBRUT

Falls die Kontrolle ergibt, dass keine oder nur wenig Brut vorhanden ist, kann man versuchen, eine neue Königin zuzusetzen (siehe S. 94 / Neubeweiselung) oder dieses Bienenvolk mit einem anderen Volk zu vereinigen. Sind weniger als acht Waben mit Bienen besetzt, lohnt sich eine Neubeweiselung auf keinen Fall. Falls in Arbeiterinnenzellen nur Drohnenbrut – auch „Buckelbrut“ genannt – zu sehen ist, wird das Bienenvolk aufgelöst. Buckelbrut ist an den auffällig überwölbten Zelldeckeln gut zu erkennen. Eine solche Erscheinung tritt häufig auf, wenn die Königin verloren gegangen oder ihr Samenvorrat erschöpft ist. In diesem Fall fangen einige Arbeiterinnen (sog. „Drohnenmütterchen“) an, Eier zu legen. Sie können aber nur männliche Bienen (Drohnen) erzeugen. Damit ist das Bienenvolk nicht mehr überlebensfähig.

AUFLÖSEN VON BIENENVÖLKERN

Beim Auflösen eines Volkes setzt man darauf, dass die Bienen sich in anderen Völkern einbetteln und nützlich machen. Für das Auflösen eines Volkes sollte ein Tag mit gutem Flugwetter gewählt werden. Es darf weder regnen noch stürmisch sein, und die Außentemperatur sollte ab 16 °C betragen.

Arbeitsschritte beim Auflösen von Bienenvölkern

1. Das aufzulösende Volk als Ganzes oder zargenweise umstellen.
2. Beute öffnen, Rauch geben und etwa zwei Minuten Zeit vergehen lassen, damit die Bienen Nahrung aufnehmen können. Das ist für sie lebenswichtig, denn Bienen mit

voller Honigblase können den Wächterbienen der fremden Völker am Flugloch Futter anbieten. Damit erreichen sie eine friedliche Kontaktaufnahme und werden meist auch eingelassen.
3. Zarge für Zarge alle Waben ziehen und die ansitzenden Bienen in unmittelbarer Nähe eines Nachbarvolkes abkehren. Anfänger sollten die Bienen von den Bienenwaben abfegen, erfahrene Bienenhalter stoßen die Bienen häufig mit einem kräftigen Ruck auf den Boden.
4. Brutwaben sammeln und bienenfrei dem Nachbarvolk einhängen. Man kann die Brutwaben auch in eine Leerzarge einhängen und diese (über Absperrgitter) dem Nachbarvolk aufsetzen. Die aufgesetzte Zarge kann entfernt werden, sobald die Brut ausgelaufen ist.

VEREINIGEN VON BIENENVÖLKERN

Wenn man feststellt, dass ein Volk weisellos geworden ist und keine Reservekönigin vorhanden ist oder wenn ein Volk zum erfolgreichen Über- bzw. Auswintern allein zu schwach ist, wird dieses Volk mit einem anderen vereinigt. Die wichtigste Voraussetzung für das Vereinigen von zwei Völkern ist, dass beide gesund sein müssen. Im Spätsommer sollte ein schwaches Volk möglichst immer mit einem starken vereinigt werden. Hat man kein weiteres Bienenvolk in Betreuung, kann man sich über einen Imkerverein einen Ableger besorgen und seine Bienen mit diesem vereinigen. Bei der Vereinigung von zwei Bienenvölkern wird nur eine Königin gebraucht. Sind zwei Königinnen vorhanden, muss eine weg. Das hört sich ziemlich gemein an, ist aber notwendig. Es empfiehlt sich, herauszufinden, welches die leistungsschwächere

DROHNENBRÜTIGE VÖLKER

Drohnenbrütige Bienen stößt man mindestens 10 Meter von den anderen Bienenvölkern entfernt ab. Dann können sich keine Drohnenmütterchen einbetteln, die sehr schlechte Fliegerinnen sind, aber wegen ihrer Aggressivität den Königinnen der Gastvölker sehr gefährlich werden können.

Drohnenbrut im Bauramen. Sie ist gut an den großen Wabenzellen zu erkennen.

Ein Zeitungsbogen wird mit Wasser besprüht.

Durchlöcherung der Zeitung mit dem Stockmeißel.

Königin ist. Häufig ist das am Brutnest zu erkennen. Ist das Brutnest lückenhaft, dann legt die Königin zu wenige Eier und müsste ohnehin bald ausgetauscht werden (siehe S. 103 f. / Umweiselung). Man entfernt die schwächere Königin und überlässt sie sich selbst. Da sie nicht mehr gefüttert wird, stirbt sie. Erfahrene Imker töten die Königin sofort, indem sie diese abdrücken.

Man sollte auf keinen Fall zwei Königinnen im zu vereinigenden Volk lassen, sonst liefern sie sich einen Zweikampf. Bei diesem tödlichen Duell können auch beide Königinnen sterben oder schwer verletzt werden. Dann hätte man gar keine Königin mehr. Dieses Risiko darf man nicht eingehen, denn im Herbst kann man im Allgemeinen keine Königinnen mehr kaufen.

Für die Vereinigung müssen Vorbereitungen getroffen werden, damit die Bienen sich gegenseitig akzeptieren. Jedes Volk hat einen eigenen Stockgeruch. Daher kann jede Biene ihre zugehörigen Stockgenossinnen am typischen Geruch erkennen. Eine Biene, die also nicht „heimisch vertraut" riecht, wird als Räuberin angesehen und angegriffen.

Damit es nicht zum gegenseitigen Abstechen kommt, müssen die unterschiedlichen Stockgerüche angeglichen werden. Am besten geht das mit der sogenannten „Papiermethode". Sie ermöglicht eine langsame Vereinigung, bei der sich die Volksdüfte ganz allmählich vermischen.

☞ *Völker sollten möglichst abends vereinigt werden, da die Bienen sich dann schneller beruhigen.*

Vorgehensweise beim Vereinigen

1. Aus dem schwächeren Volk (Brutnest vorher überprüfen!) die Königin entfernen.
2. Zarge mit dem stärkeren Volk nach unten stellen und einen Bogen Zeitungspapier auflegen.
3. Die Zeitung vorsichtig mit Wasser besprühen, um den ungleichen Stockgeruch der beiden zu vereinenden Völker einander anzugleichen. Wer mag, verleiht dem Wasser zusätzlich mit Thymian- oder Melissengeist eine schwache Duftnote.
4. Zeitungspapier mit dem Stockmeißel durchlöchern.
5. Zarge mit dem schwächeren Volk auf die mit Zeitungspapier bedeckte Zarge setzen. Die Bienen erweitern die Löcher und finden zueinander.
6. Die Vereinigung ist erfolgreich vollzogen, wenn Papierkrümel vor dem Flugloch liegen.

WABENKREISLAUF UND -HYGIENE

Alte, dunkelbraune Waben müssen regelmäßig aussortiert und eingeschmolzen werden, denn dunkle Waben sind von minderer Qualität. Aus jeder Wabenzelle im Brutraum schlüpfen jährlich drei bis fünf Bienen und jede Biene hinterlässt beim Schlüpfen eine Puppenhaut und Larvenkot. Die Zellen werden von den Arbeiterinnen zwar gereinigt, aber die Puppenhäutchen bleiben in den Wabenzellen zurück. Dadurch werden die Zellen immer kleiner, sodass die schlüpfenden Jungbienen irgendwann nicht mehr optimal entwickelt sind.
Außerdem können sich zwischen den Puppenhäuten Krankheitserreger und Schädlinge einnisten. Kotreste und Häute sind vor allem für Wachsmottenlarven ein heiß geliebtes Futter. Deshalb sollten jedes Jahr alte Waben gegen neue ausgetauscht werden.
Die Wachsmotte gehört zu den Schmetterlingen, sie dringt in Bienenwohnungen und in Wabenlager ein. Die Larven (Rankmaden) zerstören das Wabenwerk und setzen Kot ab. Dadurch sind Krankheitsübertragungen möglich.

Wachsmotten haben diese Brutwabe gründlich zerstört.

Die Rankmaden der Wachsmotte fressen sich durch die Waben.

ABWEHRMASSNAHMEN GEGEN WACHSMOTTEN

Unbebrütete Waben werden nicht von Motten befallen, da in ihnen weder Puppenhäutchen noch Larvenkot vorhanden sind, von denen sich die Wachsmotte ernährt. Daher sollte man sie immer separat aufbewahren. Alle Leerwaben sollten möglichst kühl, luftig und trocken gelagert werden, denn bei einer Lagerung unter 15 °C erfolgt keine Entwicklung von Wachsmotten. Aufbewahrte Waben sollten im Abstand von zwei bis drei Wochen kontrolliert werden.

Weiße Gespinste und Fraßgänge in den Waben sind ein sicheres Zeichen, dass sich Wachsmotten eingenistet haben. Bei leichtem Befall werden einzelne Gespinste und Raupen mit einer Pinzette entfernt. Bei stärkerem Befall können die Waben mit Schwefel behandelt werden. Schwefeldioxid ist leicht flüchtig und nach wenigen Wochen verflogen. Schwefelstreifen werden in einer feuerfesten Dose abgebrannt, die man in einen Leerraum über die Waben stellt. Je Zarge nimmt man etwa einen halben Streifen. Da Motteneier die Schwefelbehandlung überleben, muss nach zwei bis drei Wochen nachbehandelt werden. Eine weitere Wiederholung reicht dann meist für den Rest des Jahres.

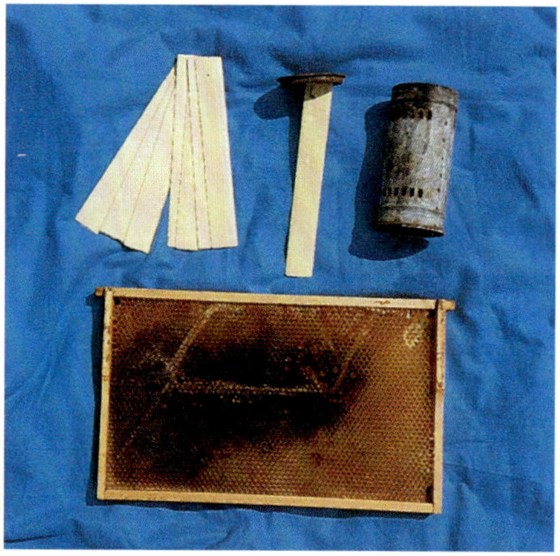

Mit Fraßgängen durchzogene Waben sollten mit Schwefel behandelt werden.

Mit Winterfutter gefüllte Futterwabe

FÜTTERUNG IM WINTER

Wie alle Tiere, die überwintern, legen auch die Bienen Wintervorräte an. Den ganzen Sommer über sammeln sie Pollen und Nektar. Der Pollen wird eingelagert und der Nektar zu Honig verarbeitet. Die Futtervorräte sind überlebenswichtig, denn im Winter gibt es

Auf Brutwaben wird das Futter in Form von Futterkränzen angelegt.

Honigzellen sind in der Regel milchweiß und haben flache Deckel.

Auf Pollenwaben ist Pollen bunt verteilt. Honig befindet sich im oberen und seitlichen Bereich.

nichts zu sammeln. Und selbst wenn es etwas gäbe – Bienenvölker verlassen in Kältezeiten niemals ihren Stock.

Den Honig verzehren die Bienen, um ihren Energie- und Wärmebedarf zu decken, den Pollen brauchen sie, um Fett-Eiweiß-Polster anzulegen und ihre Brut damit zu füttern. Ein Bienenvolk verbraucht im Winter durchschnittlich 15 kg Futter, wobei von Oktober bis Februar etwa 5 kg Futter benötigt werden und im März und April monatlich ungefähr 5 kg.

HONIG GEGEN ZUCKERFUTTER

Der Honig, den sich ein Bienenvolk als Vorrat einlagert, wird ihm zum größten Teil weggenommen. Daher ist es notwendig, den Bienen einen Ersatz für den entnommenen Honig zu geben. Weil ein gleichwertiger Ersatz nicht möglich ist, muss der Imker Rohstoffe liefern, aus denen die Bienen sich neues Winterfutter herstellen können. Ein sehr gebräuchlicher Rohstoff ist Haushaltszucker. Der Zucker muss aber so gereicht werden, dass das Volk ihn gut verwerten kann. Bienen nehmen den Rohstoff wie Nektar auf und verarbeiten (= invertieren) ihn zu Futterhonig.

Für den Winter ist dieser Futterhonig ausreichend, da Nahrungsenergie nur in Wärme umgewandelt werden muss. Am besten geeignet ist fertiges Flüssigfutter aus dem Fachhandel (z. B. API-Invert, Ambrosia-Sirup) oder eine selbst hergestellte Zuckerlösung (= Zuckerwasser). Bienen benötigen generell weniger Energie und auch weniger Wasser, um flüssiges Futter in Futterhonig umzuwandeln.

Jedes Bienenvolk braucht einige Zeit, um das gegebene Futter zu invertieren. Daher müssen alle Bienenfreunde rechtzeitig – nach der letzten Honigernte! – anfangen, einzufüttern.

Die Wintereinfütterung sollte bis Mitte September abgeschlossen sein, um vorwiegend die Sommerbienen mit der Verarbeitung des Futters zu beschäftigen und die große Masse der Winterbienen zu schonen.

SCHÄTZEN DER FUTTERVORRÄTE

Auch wenn kein Honig entnommen wurde, muss festgestellt werden, wie viel Futter im Volk vorhanden ist. Im Spätsommer überprüft man die Größe der Vorräte, indem man die vorhandenen Futterwaben zählt und die Ausdehnung der Futterkränze auf den Brutwaben prüft. Dazu zieht man alle vorhandenen Waben nacheinander heraus. Die fehlende Futtermenge wird durch Auffütterung ergänzt (empfohlene Menge siehe Kasten).

☞ *Zwei gut gefüllte Futterwaben und fünf Brutwaben mit beidseitig ca. 3 cm breiten Futterkränzen entsprechen einem Futtervorrat von etwa 5 kg.*

FAUSTREGEL FÜTTERUNG

1. Eine volle Futterwabe enthält auf beiden Seiten bis zu 2 kg Futter.
2. Futterkränze der Brutwaben werden anteilig geschätzt. (Ein 10 × 10 cm großes Stück beidseitig verdeckelte Honigwabe enthält ca. 300 g Futter.)

Je nach Volksstärke und vorhandenem Futtervorrat benötigen wir:

Bei Ein-Raum-Überwinterung:
10–14 kg Fertigfutter (verteilt auf zwei Futtergaben).

Bei Zwei-Raum-Überwinterung:
20–24 kg Fertigfutter (verteilt auf drei Futtergaben). Die einzelnen Portionen werden im Abstand von etwa einer Woche verfüttert.

WIE VIEL WIRD GEFÜTTERT?

Es gibt keine allgemein gültige Berechnung der benötigten Futtermenge, da diese von vielen Faktoren abhängt: von der Volksstärke, dem Umfang der vorhandenen Honigvorräte, der Aufstellungsart der Bienenvölker, den klimatischen Verhältnissen u. a. mehr.

Unser Rat lautet: Nicht zu knapp einfüttern, sondern die Futtermenge großzügig bemessen. Zum einen sollte jedes Bienenvolk immer ungefähr 5 kg Futtervorrat im Stock haben, und zum anderen muss der Vorrat bis zum Frühling reichen. Da bereits im August eingefüttert wird, verbraucht jedes Volk bereits während der Aufzucht der Winterbienen einen Teil des Futters.

Man muss jedoch auch darauf achten, ein Volk nicht zu überfüttern. Ein paar Waben sollten frei bleiben, denn die Bienen dürfen im Winter nicht nur auf eiskalten Futterwaben sitzen, sonst können sie sterben.

HERSTELLUNG: ZUCKERLÖSUNG

Für selbst hergestellte Zuckerlösung wird handelsüblicher Zucker (Sacharose) genommen und im Verhältnis 3 : 2 (3 kg Zucker in 2 l Wasser) aufgelöst.

1 kg Zucker in 660 ml warmen Wasser aufgelöst, ergibt in diesem Verhältnis 1,3 l Lösung. 10 kg Zucker in 6,6 l Wasser gelöst ergeben dementsprechend 10 × 1,3 = 13 l Zuckerwasser. Dabei kommen nach Verarbeitung durch die Bienen 11 kg Futter heraus.

FÜTTERN MIT FLÜSSIGFUTTER

Futter wird meistens von oben in den Bienenstock hineingegeben. Futtergefäße werden in einer Leerzarge auf das Bienenvolk gestellt, wobei je nach Höhe der Zarge und der benötigten Futtermenge unterschiedliche Gefäße verwendet werden. Für große Futtermengen (je 5 kg) nimmt man einen Futtereimer mit gelochtem Deckel, für kleine (1 und 2 kg) ein Industrieglas oder eine flache Schale.

VERSORGUNG MIT POLLEN

Während der Einfütterung muss darauf geachtet werden, dass die Bienen sich ausreichend mit Pollen versorgen können. Häufig stehen noch viele Gartenblumen wie Herbstastern, Goldrute und Sonnenblumen in der Blüte. Auf Feldern blühen jetzt Senf, Rübsen und Phacelia. Für eine Ergänzungspflanzung an Spätblühern für die kommende Saison ist nun die geeignete Zeit. Noch besser ist es, diese gleich mit einer guten Pflanzung an Frühblühern zu verbinden.

ACHTUNG, RÄUBER!

Bienenhalter müssen keine Schnellläufer sein, aber beim Einfüttern sollten sie über ein gewisses Tempo verfügen, um keine fremden Bienen und hungrigen Wespen anzulocken. Weil das Füttern im Spätsommer – d. h. in einer trachtarmen Zeit – durchgeführt wird, ist die Gefahr groß, dass Räuberei entsteht. Räuberei bedeutet: Eine große Masse von Bienen überfällt schwächere Völker oder Ableger und stiehlt ihnen das Futter komplett aus der Bienenwohnung. Überfallene Bienenvölker sind meistens nicht mehr zu retten. Daher ist „Räuberei“ unbedingt zu verhindern.

☞ *Das Einfüttern sollte möglichst abends erfolgen. Das Flugloch ist vor der Futtergabe mit einem Keil zu verengen. Ein langes Öffnen der Völker muss unbedingt vermieden und verschüttetes Futter sofort beseitigt werden. Bei der Verwendung von geruchlosem Fertigfutter (z. B. API-Invert oder Apifonda) ist es auch möglich, die Bienen am Tag zu füttern.*

Das Futter muss immer in geschlossenen Räumen zubereitet werden, damit keine Räuberei entstehen kann.

In die aufgesetzte Leerzarge setzt man einen Futtereimer ohne Lochdeckel. Als Kletterhilfe für die Bienen dient Stroh.

Futtereimer mit Lochdeckel

TRACHTPFLANZEN
— *im Spätsommer*

BÜSCHELSCHÖN
(Phacelia tanacetifolia)

Nektar/Pollen:
Juni – September
Herkunft: Kalifornien, Mexiko
Höhe: 50 – 100 cm
Wuchs: Einjährig, mit gefiederten Blättern und fiederschnittigen Blättchen.
Vorkommen: Frische lehmige Sandböden, sonniger Standort. Tagneutral, daher Aussaat bis Ende August, als Zwischenfrucht ab Mitte Juli, auch in Gemischen.
Verwendung: Futter-, Gründüngungs- und Zierpflanze.
Pollenhöschenfarbe: dunkelgraublau

ROTKLEE
(Trifolium pratense)

Nektar/Pollen:
Juni – September
Herkunft: Europa
Höhe: 20 – 70 cm
Wuchs: Ausdauernd. Dreiteilige Blätter. Blättchen meist mit hellgrüner Zeichnung.
Vorkommen: Wiesen, Wegränder.
Verwendung: Im Feldfutterbau rein oder für Kleegrasgemische in feuchten Lagen. Bevorzugt nährstoff- und kalkreicher Lehmboden.
Pollenhöschenfarbe: dunkelbraun

SAAT-LUZERNE
(Medicago sativa)

Nektar/Pollen:
Juni – September
Herkunft: Iran, Naher Osten
Höhe: 30 – 90 cm
Wuchs: Ausdauernd. Dreiteilige Blätter.
Vorkommen: Verwildert an Wegrändern, auf Trockenwiesen.
Verwendung: Futterpflanze auf tiefgründigen, kalk- und nährstoffreichen Böden. Aussaat als Reinsaat. Stickstoffsammler. Keimlinge können im Salat verzehrt werden.
Pollenhöschenfarbe: gelb

WICKE

(Vicia villosa)

Nektar/Pollen: Mai – Juli
Herkunft: Europa
Höhe: 50 – 100 cm
Wuchs: Zweijährige Winterzwischenfruchtpflanze, mit kletterndem, verzweigtem Stängel und gefiederten Blättern.
Vorkommen/Verwendung: Als Futter in Kleegrasgemisch oder Gründüngung für kalkhaltige lehmige Sandböden. Für Samenbau Aussaat mit Winterroggen als Stützfrucht auf trockeneren Böden. Stickstoffsammler.
Pollenhöschenfarbe: dunkelgelb

WEISSER SENF

(Sinapis alba)

Nektar/Pollen: Juni, August, September
Herkunft: Mittelmeergebiet, Nordafrika, Zentralasien
Höhe: 30 – 100 cm
Wuchs: Einjährig, mit aufrechtem, verzweigtem Stängel.
Vorkommen/Verwendung: Gewürz-, Futter- und Ölfruchtpflanze für nährstoff- und kalkreiche, humose, sandige Lehmböden. Aussaat im zeitigen Frühjahr zur Körnergewinnung, im Sommer als Zwischenfrucht.
Pollenhöschenfarbe: dunkelgelb

DAHLIE

(Dahlia variabilis)

Nektar/Pollen: Juli – September
Herkunft: Mittelamerika
Höhe: 15 – 120 cm
Wuchs: Aufrecht buschig wachsende Stauden.
Vorkommen/Verwendung: Bunte Beete und Staudenpflanzungen auf sandig-lehmigen, frischen Böden an sonnigen Standorten. Frostempfindlich; deshalb einjährige Anzucht aus Samen oder Überwinterung der Knollen in Torf oder Sand (kühl, aber frostfrei).
Pollenhöschenfarbe: rotgelb

GOLDRUTE

(Solidago canadensis)

Nektar/Pollen: Juli – September
Herkunft: Kanada, in Europa eingebürgert
Höhe: 20 – 200 cm
Wuchs: Ausdauernd, mit aufrechtem, im Blütenbereich verzweigtem Stängel und lanzettlichen, im unteren Bereich gezähnten Blättern.
Vorkommen: Ufer, Bahndämme, Waldränder, Flusstäler, Ödland. Durchlässige, frische Böden an sonnigem Standort.
Verwendung: Zierpflanze für gemischte Rabatten, vor Hecken, Gehölzränder.
Vermehrung: Teilung oder Stecklinge
Pollenhöschenfarbe: wachsgelb

MYRTEN-ASTER

(Astera ericoides)

Nektar/Pollen: August – September
Herkunft: Nordamerika
Höhe: 50 – 100 cm
Wuchs: Ausdauernd, aufrechte, verzweigte Stängel, kleine lanzettliche Blätter.
Vorkommen: humose, frische Lehmböden, sonnige Standorte.
Verwendung: Gemischte Beete und Rabatten
Vermehrung: Teilung oder Stecklinge
Pollenhöschenfarbe: gelb

BESENHEIDE

(Calluna vulgaris)

Nektar/Pollen: August – September
Herkunft: Europa, Asien
Höhe: 30 – 70 cm
Wuchs: Zwergstrauch mit aufsteigenden Stämmchen, vielen aufrechten Zweigen und schuppenartig kleinen, immergrünen Blättern.
Vorkommen/Verwendung: Heiden, Moore, lichte Wälder; saure, nährstoffarme Böden. Gartenformen auch nährstoffreichere aber saure, durchlässige Böden.
Vermehrung: Stecklinge
Pollenhöschenfarbe: grau

DAS VOLK ZIEHT SICH ZURÜCK

An schönen Oktobertagen sind manchmal junge Bienen beim Vorspielen zu beobachten. Sie fliegen sich auf ihr Flugloch und ihre Umgebung ein und leeren ihre Kotblase. Sammelbienen suchen bei gutem Wetter noch Pollen und Nektar. Gegen Ende Oktober stellen die Bienen ihre Sammeltätigkeit allmählich ein, denn oft gibt es nur noch wenige blühende Blumen und Sträucher.

Das Brutnest schrumpft stetig von einigen tausend Zellen auf null. Am Ende des Monats stellen die Bienen das Brüten meistens völlig ein. Insgesamt geht das Bienenvolk im Oktober auf durchschnittlich 10.000 Bienen zurück. Natürlich gibt es immer Ausnahmen: Manche Völker gehen sogar mit 20.000 Bienen in den Winter. Die kritische untere Grenze liegt bei 5.000 Bienen.

WARMER KOPF UND KALTE FÜSSE

Man könnte auf die Idee kommen, Bienenvölker seien für den Winter extra warm zu verpacken, aber das braucht man nicht. Bienen müssen Kontakt zur Außentemperatur haben, weil sie danach ihren Lebenszyklus ausrichten. Magazinvölker sollte man über offenen Gitterböden überwintern lassen. Der offene Gitterboden verhindert das Brüten während milder Witterungsperioden bzw. einen zu frühen Brutbeginn im Frühjahr. Zudem sorgt frische Luft von unten dafür, dass sich kein Schimmel an den Waben bildet. Ein isolierter Innendeckel bewirkt, dass über der Bienentraube keine Wärme verloren geht.

Frühes Brüten belastet den Stoffwechsel, und die Rückstände füllen die Kotblase schneller. Falls keine Möglichkeit zum Ausfliegen vorhanden ist, kommt es zum Abkoten im Bienenstock. Dadurch können sich im Bienenvolk Krankheiten ausbreiten.

Winterfestes Magazin. Ein Abdeckfilz bietet einen guten Schutz vor Kälte.

Das Flugloch wird mit einem Fluglochkeil auf 7 mm verengt.

ERKENNEN VON KRANKHEITEN

Es wäre für jeden Anfänger eine Überforderung, sich mit sämtlichen Krankheiten auseinanderzusetzen, die ein Bienenvolk befallen können. Um Erfahrungen im Erkennen und Behandeln von Bienenkrankheiten zu sammeln, ist es ratsam, sich einen gut verständlichen Ratgeber zu besorgen bzw. Lehrgänge zu diesem Thema zu besuchen (siehe S. 118 f.). Da die Gesundheit von Bienenvölkern gegenwärtig vor allem durch die Varroose und die Amerikanische Faulbrut (AFB) bedroht wird, möchten wir uns auf diese beiden Erkrankungen beschränken.

DIE VARROAMILBE

Die Varroamilbe wurde Mitte der siebziger Jahre aus Asien nach Europa eingeschleppt. Dort lebt sie mit der asiatischen Biene (*Apis cerana*) im Gleichgewicht. Unsere einheimischen Bienen können sich nur unzureichend gegen diese Milbe zur Wehr setzen. Mittlerweile ist der Befall so stark geworden, dass die Bekämpfung der Varroose ein fester Bestandteil der imkerlichen Arbeiten geworden ist.

BIENENSCHÄDLICH: SPITZMAUS

Vor allem Spitzmäuse versuchen im Winter, in den Bienenstock einzudringen. Honig und Bienen sind für sie ein großer Leckerbissen, und sie können gewaltige Schäden anrichten. Durch das Flugloch eindringende Mäuse zerstören den Wabenbau, fressen Bienen und beunruhigen das Volk. Um das zu verhindern, sollte das Flugloch mit einem Fluglochkeil in der Höhe verengt werden.

Entwicklung der Varroamilbe

Die Varroamilbe dringt zur Fortpflanzung in unverdeckelte Brutzellen ein und legt Eier in den verdeckelten Brutzellen der Bienen ab. Sie und ihre schlüpfenden Jungmilben stechen die jungen Bienenlarven mehrmals täglich an, um sich von deren Blut (Hämolymphe) zu er-

Biene mit Varroamilbe

Drohnenpuppe mit Varroamilben

nähren. Die Bienenlarven werden durch den Blutverlust stark geschwächt und sind zudem äußerst anfällig für krankheitserregende Viren und Bakterien, die von den Varroamilben übertragen werden. Viele Jungbienen bleiben klein oder haben verstümmelte Flügel.

Mit den ausschlüpfenden Bienen verlassen die weiblichen Milben (Muttertier und Nachkommen) die Zellen. Sie wechseln auf andere Bienen über und begeben sich nach einigen Tagen wieder in neue Brutzellen. Als Folge gibt es immer weniger gesunde Bienen im Stock, und irgendwann flüchten sie, um sich in andere Völker einzubetteln. Dabei dienen die flüchtenden Bienen den Varroamilben ungewollt als Taxichauffeure. Die flachen Milben quartieren sich bequem zwischen den Bauch- und Rückenschuppen der Bienen ein und können auch weite Flüge überstehen, ohne herunterzufallen. Auf diese Weise verbreiten die Honigbienen die todbringenden Parasiten immer weiter.

Die Varroamilben vermehren sich so rasant, dass ein unbehandeltes Volk spätestens nach zwei bis drei Jahren stirbt. Jeder Imker steht daher unter Handlungsdruck. Man muss frühzeitig geeignete Maßnahmen einleiten, um die Milbenzahl in den Völkern gering zu halten. Unter anderem wird empfohlen, den Befallsgrad eines Bienenvolkes mit Hilfe des natürlichen Milbenfalls zu ermitteln. Die abgefallenen Milben werden gezählt, um herauszufinden, ob eine für die Jahreszeit kritische Menge an Milben vorhanden ist. Da ein geringer Anfangsbefall jedoch häufig übersehen wird und sich die Parasiten sehr rasch vermehren, raten wir dazu, im Sommer und Herbst grundsätzlich eine Varroabehandlung durchzuführen. Im Folgenden gehen wir auf die Behandlung mit Tierarzneimitteln ein.

Einschieben der gittergeschützten Bodenwanne

Eine gerasterte Wanne erleichtert das Auszählen.

Zählen der Varroamilben auf der Bodenwanne

Gib ihnen Saures – Bekämpfung

Es sind viele Varianten der Varroabekämpfung im Gebrauch und in der Erprobung. Grundsätzlich lassen sich zwei Verfahren unterscheiden: biotechnische und chemische. Nur eine Kombination beider Verfahren, d. h. eine integrierte Varroabekämpfung, bringt gute Erfolge.

Zu den biotechnischen Verfahren gehören vor allem das regelmäßige Ausschneiden der verdeckelten Drohnenbrut im Frühjahr, das Bilden von Ablegern und die kalte Überwinterung (siehe S. 35, 83 und 101). Da sich die Varroamilbe zu 30 % auf den erwachsenen Bienen und zu 70 % in der Bienenbrut befindet, gehört das Ausschneiden der Drohnenrahmen zu den wichtigsten Maßnahmen und sollte unbedingt durchgeführt werden.

Bei den chemischen Verfahren werden vor allem organische Säuren und synthetische Medikamente eingesetzt. Die Verwendung von synthetischen Medikamenten ist jedoch umstritten und rückläufig. Zum einen können bei den Varroamilben Resistenzen gegen die benutzten Medikamente auftreten, zum anderen kann es in Honig und Wachs zu unerwünschten Rückständen kommen. Daher setzt sich bei den chemischen Verfahren der Einsatz organischer Säuren immer stärker durch.

Verkrüppelte Biene (links). Eine konsequente Varroabehandlung verhindert Folgeschäden durch den Befalll mit dem Deformed Wing Virus.

Als organische Säuren sind Ameisensäure (AS), Milchsäure (MS) und Oxalsäure (OXS) im Gebrauch. Wegen der einfachen Anwendung und des hohen Wirkungsgrades empfehlen wir Ameisen-, Milch- und Oxalsäure.

Vorteile und Nebenwirkungen der Ameisensäure

Die Dämpfe der Ameisensäure töten Varroamilben auf den Bienen und in der verdeckelten Brut, ohne das Volk nachhaltig zu schädigen. Ameisensäure verdunstet restlos und hinterlässt – nach der Tracht angewendet – keine Rückstände in Honig und Wachs. Bisher wurden auch noch keine unerwünschten Resistenzbildungen bei den Varroamilben beobachtet.

Wir wollen jedoch nicht verschweigen, dass die Anwendung von Ameisensäure auch Nachteile hat:

- Zu ungünstiger Zeit angewendet, sorgt AS für Unruhe im Bienenvolk.
- Zu viel Ameisensäure kann Honig ungenießbar machen.
- In der Behandlungszeit stellt die Königin die Eilegetätigkeit meistens ein.
- Bei unsachgemäßer Anwendung besteht Verletzungsgefahr.

Richtig angewendet ist Ameisensäure sehr gut bienenverträglich und gefahrlos für den Anwender. Am effektivsten und schonendsten lässt sich Ameisensäure in Form einer Langzeitbehandlung einsetzen.

Langzeitbehandlung mit AS

Die Langzeitbehandlung mit Ameisensäure sollte zweimal pro Jahr eingesetzt werden, um die Bienenvölker gesund zu halten. Einmal ist

sie direkt nach der Honigernte (Juli/August) durchzuführen, damit jedes Volk widerstandsfähige Winterbienen erbrüten kann. Zusätzlich muss im September/Oktober eine weitere Hauptbehandlung erfolgen, um die Parasitenzahl im Volk nochmals erheblich zu senken. Eine Langzeitverdunstung von Ameisensäure sorgt dafür, dass in der Luft des Bienenstocks eine geringe, aber kontinuierliche Säurekonzentration erzeugt wird. Ameisensäure erzielt eine große Wirkung: Über 90 % der vorhandenen Milben werden abgetötet.
Die Verdunstung muss möglichst gleichmäßig erfolgen. Das geht sehr gut mit diversen Langzeitverdunstern. Wir bevorzugen den Nassenheider Verdunster, da sich die tägliche Verdunstungsmenge an Ameisensäure sehr leicht an einer Skala am Verdunster ablesen lässt. Außerdem ist er preiswert, gut zu befüllen und auslaufsicher in jeder Beute zu befestigen. Wir verwenden die zugelassene 60 %ige Ameisensäure.
Die Tagestemperaturen sollten 15 bis 25 °C betragen. Bei einer Tagestemperatur über 25 °C ist Ameisensäure abends anzuwenden. Nach der Behandlung ist der Milbenfall zu kontrollieren, um herauszufinden, wie stark das Volk noch befallen ist. Bei hohem Befall sollte die Behandlung mit Ameisensäure wiederholt werden.

VORSICHTSMASSNAHMEN FÜR DEN UMGANG MIT AS

Ameisensäure ist bei Hautkontakt und beim Einatmen ätzend! Daher darf nur mit säurefesten Handschuhen, Mundschutz, Schutzbrille und langärmliger Kleidung gearbeitet werden. Man muss ausreichend Wasser bereitstellen (mindestens 5 l) und Säurespritzer sofort mit Wasser abwaschen.

Beim Umgang mit Ameisensäure ist Schutzkleidung erforderlich.

1. Langzeitbehandlung mit Ameisensäure im Sommer: Jedes Bienenvolk erhält nach dem Abschleudern – über einen Zeitraum von mindestens fünf Tagen – ca. 85 g (dies entspricht etwa 80 ml) Ameisensäure pro Zarge. Jeden Tag sollten etwa 15 bis 20 g verdunsten, was nach ein bis zwei Tagen zu überprüfen ist. Liegt etwa zwei Wochen nach Abschluss der Behandlung der Milbenfall bei mehr als fünf Milben pro Tag, muss noch einmal behandelt werden.
2. Langzeitbehandlung mit Ameisensäure im Herbst: Nach der Auffütterung wird jedes Volk im September/Oktober 10 bis 14 Tage lang mit Ameisensäure behandelt. Bei Ein-Zargen-Völkern sollte man bis zu 140 ml 60 %ige Ameisensäure verdunsten lassen, bei Zwei-Zargen-Völkern ungefähr 200 ml. Täglich sollten 6 bis 10 ml in jeder Zarge verdunsten.

Der Verdunster wird auf ein Leerrähmchen gesteckt, in das zuvor noch zwei Schrauben gedreht wurden.

Am einfachsten geht das Befüllen des Verdunsters, wenn das Rähmchen leicht schräg gehalten wird.

Anbringen des Nassenheider Verdunsters

Als Erstes wird das Gitter des Magazinbodens mit einer Platte verschlossen, das Flugloch muss geöffnet bleiben. Der Nassenheider Verdunster wird in einem Leerrähmchen neben dem Brutnest eingehängt. Zwischen Brutnest und Nassenheider Verdunster muss eine Leerwabe sein. Völker auf einer Zarge erhalten einen Verdunster, der fluglochfern angebracht wird. Völker auf zwei Zargen bekommen zwei Verdunster, die diagonal angeordnet werden. Der untere muss wieder fluglochfern sein.

Kontrolle der Verdunstungsmenge

Nach zwei bis drei Tagen ist die Verdunstungsmenge zu kontrollieren. Falls eine geringere oder eine größere Menge verdunstet als vorgesehen, ist die Größe des Dochtes anzupassen. Wenn zu große Dochte verwendet werden, verdunstet zu viel Ameisensäure. Die Dochtgröße muss dann geändert werden. Ist die Außentemperatur zu hoch, kann bei zu schneller Verdunstung – in der Regel ohne Schaden für die Bienen – der Verdunster nachgefüllt werden, um die erforderliche Langzeitverdunstung zu erreichen.
Im Herbst kann manchmal ein Kälteeinbruch die Verdunstung zum Stoppen bringen. Falls er nicht von Dauer ist, ist der Behandlungserfolg nicht beeinträchtigt. Dennoch sollte der Verdunster nach spätestens drei Wochen leer sein.

Herbstkontrolle des natürlichen Milbenfalls

Im Oktober und November sollte man über einen Zeitraum von drei Wochen den natürlichen Milbenfall kontrollieren. Im Spätherbst sollten im Durchschnitt nicht mehr als drei Milben pro Woche abfallen. (Der Grenzwert liegt bei 0,5 Milben pro Tag). Sollten mehr Milben abfallen, ist eine weitere Varroabehandlung nötig. Falls die Tagestemperatur unter 12 °C, aber noch über 5 °C liegt, sollte statt Ameisensäure Milchsäure verwendet werden.

Sprühbehandlung mit Milchsäure

Milchsäure hinterlässt ebenso wie Ameisensäure keine Rückstände in Wachs und Honig. Sie wirkt nur auf die Milben, die auf den Bienen sitzen – nicht in die Brut hinein.
Das Volk sollte daher möglichst brutfrei sein, sonst muss die Behandlung bei starkem Befall mehrmals in Abständen von vier Tagen wiederholt werden.
Milchsäure verätzt die Saugwerkzeuge der Varroamilben, sodass sie verhungern. Bei sachgemäßer Anwendung ist Milchsäure ebenfalls gut bienenverträglich und ungefährlich für den Anwender.
Durch einmaliges Sprühen mit 15 %iger Milchsäure erzielt man eine Wirkung von etwa 80 %, durch zweimaliges ca. 90 %. Alle mit Bienen besetzten Waben sind an einem schönen Tag (Temperaturen nicht unter 5 °C!) zu besprühen.

Dosierungsmenge und Anwendung

Es kann ein haushaltsüblicher Handsprüher oder eine Druckspritze verwendet werden. Die Menge pro Sprühvorgang sollte vorher mit einem Messbecher abgemessen werden. Pro vollständig bienenbesetzter Wabenseite sind ca. 5 bis 8 ml Milchsäure feintropfig aufzusprühen – bei geringerem Bienenbesatz entsprechend weniger. Je Zarge werden bei einmaligem Einsatz ca. 100 bis 150 ml Milchsäure benötigt. Ein Durchnässen der Bienen ist zu vermeiden.

☞ *Milchsäure ist zwar relativ mild, trotzdem sind als Mindestschutz Gummihandschuhe, ein Augen- und ein Mundschutz sowie sauberes Wasser zum Abspülen von Säurespritzern erforderlich.*

Behandlung mit Oxalsäure

Die Behandlung mit 3,5 %iger Oxalsäurelösung (erhältlich über Tierärzte) hat sich bei brutfreien Völkern zur Restentmilbung im Spätherbst bewährt. Eine gebrauchsfertige Lösung kann mit Hilfe der beiliegenden Anleitung selbst hergestellt werden. Die Lösung wird mit einer Einwegspritze auf die mög-

Dann hängt man das Rämchen mit dem Verdunster in das Bienenvolk.

lichst eng in der Wintertraube sitzenden Bienen in die Wabengassen geträufelt. Pro Wabengasse kommen 5–6 ml zur Anwendung. Die Außentemperatur soll um 0 °C betragen. Eine Behandlung darf nur einmal erfolgen und muss bis zum 31. Dezember des laufenden Jahres abgeschlossen sein. Wie bei allen Bienenmedikamenten, sind nur zugelassene Mittel zu verwenden.

☞ *Es ist äußerst wichtig, die Varroamilben im Spätherbst bzw. Winter stark zu reduzieren, denn ein möglichst geringer Befall ist Voraussetzung für einen guten Start in die nächste Bienensaison.*

Alle Details über die Varroabehandlung auch unter http://staff-www.uni-marburg.de/~ag-biene/files/varroa_unter_kontrolle.pdf

Varroabehandlung bei Ablegern

Ableger (siehe S. 101 f.) können drei Wochen nach ihrer Bildung effektiv mit Ameisensäure behandelt werden. Im Ableger ist die Brut der „alten" Königin bis dahin ausgelaufen und die der jungen noch nicht verdeckelt, sofern der Ableger keine begattete Königin erhalten hat. Die tägliche Verdunstungsmenge an Ameisensäure muss je nach Größe des Ablegers individuell ermittelt werden. Als Faustregel gilt: Ableger erhalten vier Tage lang jeweils 2 ml 60 %ige Ameisensäure pro bienenbesetzte Wabe.

AMERIKANISCHE FAULBRUT

Die AFB ist eine hoch ansteckende, bakterielle Infektion, die die Brut befällt und das Bienenvolk vernichtet, wenn sie nicht frühzeitig erkannt wird. Aufgrund der raschen Verbreitungsgefahr ist sie eine anzeigepflichtige Tierseuche. Schon der bloße Verdacht muss beim zuständigen Veterinäramt gemeldet werden.

Waben werden bei der Varroabehandlung einzeln gezogen und besprüht.

Krankheitsbild und Diagnose

— Lückenhaftes Brutnest
— Einzelne, stehen gebliebene, verdeckelte Zellen am Rand des ehemaligen Brutnestes.
— Eingesunkene, löchrige, feucht glänzende Zelldeckel.
— Dunkelbraune bis schwarze Schorfe am Zellgrund.
— Unter den Zelldeckeln befinden sich bräunlich verfärbte, abgestorbene Maden.
— Fauliger Geruch der zersetzten, schleimigen Masse nach Fußschweiß oder Knochenleim.
— Mit einem Streichholz lässt sich eine fadenziehende, braune Masse aus den befallenen Zellen ziehen.

Einzelne Krankheitsanzeichen können fehlen oder nicht typisch ausgeprägt sein. Fällt die Streichholzprobe (fadenziehende Masse) positiv aus, so besteht ein starker Verdacht auf

Die Oxalsäurelösung wird in die Wabengasse geträufelt.

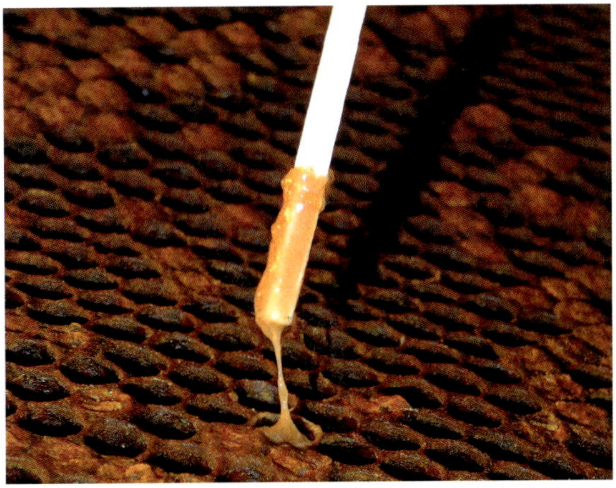

Streichholzprobe – ein fadenziehender, übelriechender Zellinhalt ist ein sicheres Zeichen für die Amerikanische Faulbrut.

Amerikanische Faulbrut. Eine eindeutige Diagnose muss dann in einem Labor der Landesuntersuchungsämter oder der Bieneninstitute erfolgen.

Vorbeugung

Um der AFB vorzubeugen, sollte man Folgendes tun: Zugekaufte Beuten und Geräte immer desinfizieren, keine ausländischen Honige und fremde Honigfutterteige verfüttern und Räuberei vermeiden. Zusätzlich raten wir, regelmäßig einmal im Jahr Futter aus den Brutwaben untersuchen zu lassen (Futterkranzprobe). Üblich sind Sammelproben aus fünf bis zehn Bienenvölkern. Die besten Zeiträume für eine Probenentnahme sind Frühjahr (etwa März/April) und Herbst (Aug./Sept.). Die gebührenpflichtigen Untersuchungen werden von Bieneninstituten und Veterinärämtern durchgeführt, bei denen Informationsblätter zur Entnahme der Futterkranzproben erhältlich sind.

☞ ÜBERSICHT: INTEGRIERTE VARROABEKÄMPFUNG

MONAT	TÄTIGKEIT
April bis Juli	Drohnenbrut ausschneiden
Mai bis Juni	Ableger bilden
Juli	Diagnose des Befallsgrades; bei mehr als fünf Milben pro Tag: Behandlung mit Ameisensäure (AS)
Juli/August	Nach der Honigernte: 1. AS-Behandlung
September/Oktober	Nach der Einfütterung: 2. AS-Behandlung
Oktober	Diagnose des Befallsgrades; bei mehr als 0,5 Milben pro Tag: Behandlung mit Milchsäure
November/Dezember	Behandlung mit Milchsäure an brutfreien Völkern
Dezember	Restentmilbung in der brutfreien Zeit mit Oxalsäuredihydrat-Lösung 3,5 %. Bienen müssen in der Wintertraube sitzen.

GESETZE RUND UM DIE IMKEREI

BIENENSEUCHENVERORDNUNG

Die Bienenseuchenverordnung ist eine der wichtigsten gesetzlichen Verordnungen. Sie regelt das Verhalten beim Auftreten von Bienenseuchen. Dazu gehören die Amerikanische Faulbrut, die Acariose (Tracheenmilbenseuche), die Varroose, der Kleine Beutenkäfer und die Tropilaelaps-Milbe. Der Kleine Beutenkäfer und die Tropilaelaps-Milbe sind bisher in Deutschland noch nicht aufgetreten. Bei Ausbruch einer der o. g. Bienenseuchen sind die in der Bienenseuchenverordnung genannten Anweisungen und Schutzmaßnahmen zu befolgen. Zusätzlich schreibt die Bienenseuchenverordnung seit Ende April 2000 eine Meldepflicht für jeden Imker vor. Jeder, der Bienen halten will, muss dies spätestens bei Beginn der Tätigkeit der zuständigen Veterinärbehörde unter Angabe der Anzahl der Bienenvölker und ihrer Standorte melden. (Vgl. dazu: Bundesgesetzblatt Teil I / 2004, Nr. 57, S. 2739).

Bienenvölker können nicht überall aufgestellt werden. Bei der Wahl des Standortes sind nicht nur die Belange der Bienen, sondern auch rechtliche Aspekte (hier Verstellung von Fluchtwegen) zu beachten.

Tote Bienen oder Brut auf dem Flugbrett können Anzeichen für Bienenvergiftungen sein. Zum Schutz der Bienen werden in der Landwirtschaft und im Obstbau Schädlingsbekämpfungsmittel auf Bienenverträglichkeit getestet.

BIENENSCHUTZVERORDNUNG

Die Bienenschutzverordnung regelt den Gebrauch von bienengefährlichen Pflanzenschutzmitteln. Bienengefährliche Pflanzenschutzmittel dürfen nicht an blühenden und anderen Pflanzen, die von Bienen beflogen werden, angewendet werden. (Vgl. dazu ausführlich: Bundesgesetzblatt I / 1992, S. 1410)

HONIGVERORDNUNG

Die Deutsche Honigverordnung , Gesetzesblatt vom 16.01.2004 mit Änderungen vom 30.06.2015, legt fest, wie verkehrsfähiger Honig beschaffen sein muss. Diese Verordnung regelt die Gewinnung, Behandlung und Deklaration von Honig in Deutschland.
Zu den wichtigsten Punkten gehören u. a. folgende:
Honig dürfen weder Stoffe zugesetzt noch honigeigene Bestandteile entzogen werden.
Die Benennung nach einer Pflanzenart darf nur dann erfolgen, wenn der betreffende Honig überwiegend den genannten Blüten oder Pflanzen entstammt und entsprechende sensorische, physikalische und mikroskopische Merkmale aufweist. (Vgl. dazu ausführlich: Bundesgesetzblatt I / 2004, Nr. 4; im Internet zu finden unter: https://www.gesetze-im-internet.de/honigv_2004/BJNR009200004.html).

WINTERRUHE
— *doch kein bisschen leise*

VON WEGEN WINTERSCHLAF

BIENEN IN DER WINTERTRAUBE

Im November beendet der Herbst sein buntes Farbenspiel. In Wäldern und Wiesen wird alles graubraun. Dunstiger Nebel und graue Regenwolken legen sich über das Land. Oft tropft es von blattlosen Bäumen, die im fahlen Licht wie Spukerscheinungen aussehen. Es riecht nach Moder und Humus. Die kurz gewordenen Tage – es ist bereits weniger als neun Stunden hell – versetzen Mensch und Tier in Rückzugsstimmung.
Aus Osteuropa und dem Polargebiet kommende Kaltluftmassen sorgen für einen starken Temperaturabfall und läuten den Winter ein. Sobald die Nachttemperaturen unter null sinken, kündigen sich die ersten Schneefälle an. Bei anhaltenden Minusgraden erfreut uns die Natur im Dezember und Januar mit weiß glitzernden Landschaften, sonnendurchwärmter Winterluft und der stillsten Stille, der man seit langem gelauscht hat.

Bienen in der Wintertraube

AUFBAU DER WINTERTRAUBE

Wer im Winter von außen sein Ohr an einen Bienenstock hält, der kann ein leises, gleichmäßiges Summen hören. Erstaunlicherweise halten Bienen keinen Winterschlaf und fallen auch nicht in eine Kältestarre. Bei Außentemperaturen unter 12 °C fangen sie an, sich zusammenzuschließen. Fallen die Temperaturen unter 6 °C, bilden sie eine einheitliche Wintertraube, in der sie sich eng aneinanderkuscheln. ☞ *10.000 bis 20.000 Honigbienen türmen sich so lange nebeneinander, übereinander und untereinander, bis sie eine Kugel bilden. Die Zusammenballung zur Kugel ist eine pfiffige wärmetechnische Lösung, denn die kleine Oberfläche verhindert unnötige Wärmeverluste.*
Die äußere Hülle der Traube besteht aus eng sitzenden Bienen, die mit ihren Körpern eine isolierende Schutzschicht bilden. Darunter sitzen Bienen, die durch Bewegungen ihrer Flugmuskulatur – ohne dass sich die Flügel mitbewegen! – Wärme erzeugen und diese an ihre Umgebung abstrahlen. Die direkt auf den Futterwaben sitzenden Bienen nehmen Futter auf und verteilen es an alle Bienen – besonders an die, welche Wärme erzeugen. Je nach Temperatur verbrauchen sie dabei unterschiedlich viel von ihrem Vorrat an Honig, der ihnen als Brennstoff dient.

Magazine im Winter – außen alles ruhig, doch im Stock brummt es.

Auf diese Weise hält das Bienenvolk im Innern eine konstante Temperatur von ca. 25 °C aufrecht. Am äußeren Rand der Kugel ist es mit Temperaturen von 10 bis 12 °C allerdings wesentlich kälter. Damit keine Biene zu sehr auskühlt, sorgen die Bienen durch einen ständigen Platzwechsel dafür, dass alle Tiere, die sich zeitweise am kälteren Außenrand befinden, zum Aufwärmen immer wieder in den warmen Innenbereich gelangen. Die Königin erhält den besten Platz: Sie sitzt in der Mitte der Traube, dort, wo es am wärmsten ist.

ÖKOKRAFTWERK BIENENSTOCK

Obwohl das ständige Heizen durch Erzeugen eigener Körperwärme viel Lebensenergie kostet, sterben im Schnitt nur ein bis zwei Hand voll Bienen im Lauf der kalten Monate. Das kleine Ökokraftwerk produziert so viel Wärme, dass ein Bienenvolk selbst härteste Winter bis zu 50 Minusgraden überstehen kann – sogar wenn es in einem frei stehenden Magazin ungeschützt der Kälte ausgesetzt ist!

KONTROLLGÄNGE DES IMKERS

Der Imker kümmert sich während der kalten Jahreszeit um die äußeren Lebensbedingungen seiner Bienenvölker.

☞ *Alle ein bis zwei Wochen – nach Unwettern zusätzlich – sollte der Bienenstand kontrolliert werden.*

Kirsten lauscht an der Magazinwand.

Wichtig ist im Winter vor allem, dass die Bienen genügend Sauerstoff bekommen, daher müssen die Fluglöcher der Beuten geöffnet sein. Als Schutz gegen Schnee, Eis und Sturm werden Fluglochkeile angebracht. Die Fluglöcher selbst müssen nur dann von Schnee befreit werden, wenn dieser durch zwischenzeitliches Antauen und Gefrieren verharscht. Schon bei einem kurzen Klopfen gegen die Wand ändert sich der gleichmäßige Summton des Bienenvolkes. So empfindlich reagiert es bereits auf allerkleinste Störungen! Bei stärkeren Störungen oder Erschütterungen kann es passieren, dass viele Bienen von der Wintertraube abfallen und erstarren, ehe sie die wärmende Kugel wieder erreicht haben. Weil jede Störung zu erhöhter Futteraufnahme führt und damit zu einer Überlastung der Kotblase, muss jeder Imker dafür sorgen, seine Völker vor Erschütterungen, Lärm und Schädlingen zu schützen.

Zu aufdringliche Meisen oder Spechte können durch das Spannen eines grobmaschigen Drahtgewebes davon abgehalten werden, Löcher in die Beuten zu schlagen und die Bienen zu beunruhigen. Bei Wind gegen die Beuten schlagende Teile bzw. herabfallende Äste führen ebenfalls zu Unruhe mit den entsprechenden Folgen. Deshalb müssen lose Teile befestigt oder entfernt werden.

Wer erfahren will, wie es den Bienen geht, kann von außen an der Wand oder am Flugloch horchen. Ungleichmäßige oder aufgeregte Geräusche weisen auf einen Notzustand hin. Diese Völker muss man sich für eine spätere Kontrolle vormerken.

WINTERARBEITEN AM VOLK

Zu den Winterarbeiten gehören vor allem das Einlöten der Mittelwände sowie Reinigungs- und Reparaturarbeiten. Von eingelagerten Magazinteilen und Rähmchen sind oft noch Kittharz und Bienenwachs abzukratzen. Auch kaputtgegangene Rähmchen können im Winter gut repariert werden. Nutzen Sie die ruhigere Jahreszeit, um anfallende Arbeiten auszuführen.

EINLÖTEN DER MITTELWÄNDE

Anfängern mit wenigen Völkern raten wir dazu, fertig gedrahtete Rähmchen und geprägte Mittelwände im Imkereifachhandel zu kaufen. Die Mittelwände (je Volk sollten es etwa zehn sein) brauchen dann nur noch eingelötet zu werden.
Rähmchen sind quer oder längs gedrahtet, damit die Waben Stabilität gewinnen. Benötigt wird ein kleiner Transformator, der eine Spannung von 12 bis 24 Volt abgibt. Das kann ein beliebiger Einlöttransformator aus dem Fachhandel sein.

Arbeitsschritte

1. Transformator einschalten und durch kurzes Aneinanderhalten von Plus- und Minuspol prüfen, ob Strom fließt. Es müssen Funken zu sehen sein.
2. Das gedrahtete Rähmchen auf eine ebene Unterlage legen.
3. Mittelwand so auf den Draht legen, dass sie bündig an der Rähmchenunterkante anliegt. Plus- und Minuspol des Trafos an die beiden Nägel halten, die um die Drahtenden gewickelt sind. Der Draht wird heiß und schmilzt in die Mittelwand ein.
4. Unbedingt aufhören, sobald der Draht als dunkler Strich im Wachs sichtbar wird. Dann ist die Mittelwand perfekt eingelötet.

Wenn alles getan ist, ist jetzt für den Hobby-Imker die beste Zeit, um die Füße hochzulegen und sich bei heißem Tee mit Honig zu entspannen. Wer mag, kann Honigrezepte ausprobieren, (Imker-)Bücher lesen, Rückschau halten oder einfach nichts tun.

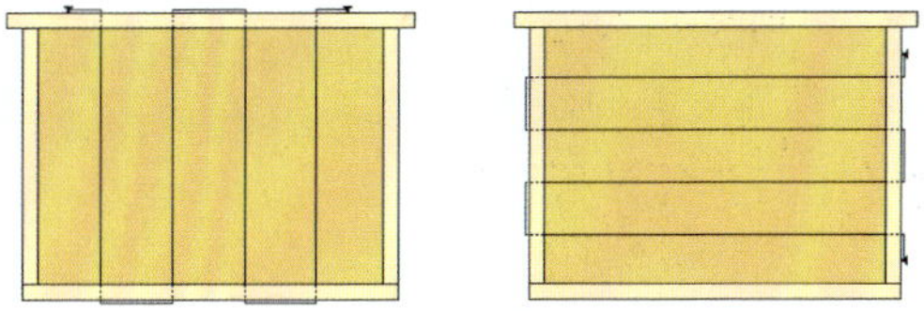

Längs- und Querdrahtung: Die Drahtenden werden um zwei Befestigungsnägel gewickelt.

Einlöten der Mittelwände. Die Mittelwand wird durch den Draht stabilisiert.

ABENTEUER IMKEREI — *Ein Interview mit Marlis Dubbick*

Die Hobbyimkerin kam als Kind eher unfreiwillig mit Bienen in Berühung. Heute kann sie sich ein Leben ohne Bienenvölker kaum vorstellen und hat auch ihren Mann damit angesteckt.

Warum haben Sie sich gerade für die Imkerei als Hobby entschieden?

Mein Interesse an der Imkerei wurde bereits im Elternhaus geweckt. Mein Vater hielt Bienen auf dem Grundstück meiner Großmutter. Ich musste anfangs mithelfen, u. a. beim Entdeckeln der Honigwaben und beim Einfüttern. Die Bienen waren damals noch deutlich aggressiver, und unweigerlich wurde ich häufiger gestochen. Mein Vater sagte dann: „Das ist doch keine Krankheit, sondern nur ein Bienenstich“. Trotz der Stiche haben mich Bienen schon immer fasziniert und so habe ich als Erwachsene dieses Hobby wieder für mich entdeckt.

Was ist das Besondere an Bienen?

Bienen haben mich einfach verzaubert, ihnen zuzuschauen und das Gewimmel zu beobachten, das doch offensichtlich wohl organisiert ist. Dabei entsteht so ein leckeres Produkt wie der Honig. Aber wichtiger für uns alle ist der überaus wertvolle Beitrag, den unsere Bienen durch ihre Bestäubungstätigkeit leisten. Diese Tatsache war für meine Entscheidung von großer Bedeutung. Auch wird das eigene Verständnis für die Zusammenhänge in der Natur erweitert. Beim Kauf von Pflanzen für meinen Garten achte ich darauf, dass es sich um Bienenweidepflanzen handelt. Ich möchte durch mein Hobby auch einfach etwas für die nächste Generation tun, indem ich dabei helfe, imkerliches Wissen an meine Kinder und Enkel weiterzugeben.

Hatten Sie anfangs mit der eigenen Bienenhaltung besondere Schwierigkeiten?

Es ist schon etwas anderes, für eigene Bienenvölker verantwortlich zu sein, als nur dabei mitzuhelfen. Es macht deutlich mehr Spaß. Wenn man sich für etwas interessiert und sich richtig darüber informiert, wird man

Marlis Dubbick bei der Durchsicht und Kontrolle ihrer Völker. Mit 58 Jahren ist sie in die Imkerei eingestiegen.

auch mit auftretenden Problemen fertig. Ich habe als Vorbereitung für meine Imkerei Lehrgänge besucht. Und mein Vater steht mir auch heute immer noch mit Rat und Tat zur Seite. Großen Wert lege ich auch auf regelmäßige Kontakte zu anderen Imkerkollegen in meinem ortsansässigen Imkerverein. Dort wird ein sehr interessantes Programm angeboten, und es werden auch regelmäßig praktische Fragen von erfahrenen, langjährigen Imkern beantwortet.

Wie soll Ihre Imkerei in Zukunft aussehen?

Ich habe Platz für acht Bienenvölker. Gern würde ich erst einmal mit zwei Völkern wandern, in den Raps und besonders in die Heide. Mein Mann hatte zuerst Berührungsängste mit den Bienen, aber jetzt hilft er mir bereits bei der Bearbeitung der Völker. Und in Zukunft möchte er auch seine „eigenen Bienen" halten. Neben dem köstlichen eigenen Honig, sollen unsere Immen auch ein Ausgleich für den oft stressigen Alltag sein.

URLAUB NUR IM WINTER?

Sich für Bienen als Haustiere zu entscheiden, bietet eine Reihe von Vorteilen: Bienen müssen nicht täglich betreut werden. Sie versorgen sich größtenteils selbst mit Futter und Wasser, sie fliegen selber Gassi und ziehen ihre Brut mühelos allein groß. Der durchschnittliche Zeitaufwand für die Pflege eines Bienenvolkes beträgt im Jahr etwa zehn Stunden. Die direkte Arbeitszeit am Volk liegt bei ungefähr drei Stunden.

Es gibt bestimmte Zeiträume, in denen man befristet anwesend sein muss, weil unbedingt notwendige Arbeiten an den Völkern anfallen. Wichtig ist die zeitweilige Anwesenheit während der Haupttracht im Mai/Juni – z. B. an den Wochenenden. In diese Zeit fallen Erweiterungen, Schwarmkontrolle und Honigernte. Hinzu kommen die Einfütterung und Wintervorbereitung, die im August/September durchgeführt werden müssen. Insbesondere im Juli kann man seine Bienen auch mal für zwei bis drei Wochen allein lassen und Sommerurlaub machen.

Die Zeit für Beuten- und Rähmchenbau oder die Herstellung von Mittelwänden kann man gut einsparen, denn gerade diese Dinge sind im Fachhandel nicht allzu teuer, und es kommt bei der Anfertigung sehr auf Präzision an. Da viele Anfänger ihren Honig selbst essen oder verschenken, ist meist auch noch kein Zeitaufwand für eine Vermarktung des Honigs zu berücksichtigen.

AM ENDE DES JAHRES: BILANZ

Jüngste Umfragen unter Imkern haben ergeben, dass es oft ideelle Werte sind, die den Ausschlag geben, mit der Bienenhaltung anzufangen. Der Wunsch, der Natur stärker verbunden zu sein, steht dabei eindeutig im Vordergrund. Andere sind einfach fasziniert von Bienen und selbst geerntetem Honig oder möchten einen sinnvollen Beitrag zum Erhalt

☞ ARBEITSAUFWAND

TERMINGEBUNDENE ARBEITEN	NICHT TERMINGEBUNDENE ARBEITEN
Frühjahrskontrolle	Aufräumarbeiten
Erweiterungen	Mittelwände einlöten
Drohnenbrutentnahme	Rähmchen bauen und drahten
Schwarmkontrollen	Rähmchen säubern
Honigentnahme	Instandsetzungsarbeiten
Einfütterung	Beuten bauen, reparieren
Varroabehandlung; Wachsmottenbekämpfung	Altwaben einschmelzen und Mittelwände gießen oder beim Händler eintauschen

Am Endes des Jahres kann man Bilanz ziehen.

☞ BERECHNUNG DES REINERLÖSES

Honigmenge je Volk	25 kg
Honigpreis je kg	10 Euro
Honigverkauf	250 Euro
Bienenfutter*	15–30 Euro
Reinerlös	**ca. 220 Euro**

* Die Futterkosten (ca. 1 Euro pro kg) sind abhängig von der Volksstärke (Ein- (ca. 15 kg) oder Zwei-Raum (ca. 25 kg)-Völker).

Bei der Berechnung des Reinerlöses sind nur die Futterkosten berücksichtigt.

der Umwelt leisten. Bienenhaltung ist ein Hobby, das einen guten Ausgleich für einseitige körperliche oder geistige Arbeit ermöglicht und Freizeit ohne Hektik und Stress garantiert.

Wie bei jedem Hobby sollte man auch danach fragen, wie viel freie Zeit man dafür „opfern" muss und wie teuer der Spaß mit Bienen ist.

☞ *Die Ausgaben für die Grundausstattung in Höhe von ca. 1.900 Euro lassen sich durch eventuelle Einnahmen aus Honigverkäufen nur zum Teil und über einen längeren Zeitraum ersetzen.*

Dazu muss man eine jährliche Kostenrechnung aufstellen, in der Ausgaben und Einnahmen gegenübergestellt werden.

BERECHNUNGSBEISPIEL

Der durchschnittliche Honigertrag pro Volk liegt in Deutschland bei 25 kg. Es kann natürlich mehr (40 kg) oder auch weniger (10 kg) sein. Kann man Honig für ca. 5 Euro je 500 g-Glas verkaufen, so lassen sich bei drei Völkern und 25 kg Honig je Volk insgesamt 660 Euro einnehmen. Wenn man nur die anfallenden Futterkosten berücksichtigt, würden sich unsere Anschaffungskosten nach ungefähr drei Jahren ausgeglichen haben. Die Arbeitszeit ist hierbei nicht aufgerechnet.

Ein Freizeitimker sollte keine großen finanziellen Erwartungen an sein Hobby stellen, denn es sind auch schlechte Honigjahre möglich und manchmal treten Völkerverluste ein. Bienenhaltung macht nicht reich, ist aber immer eine Bereicherung. Jeder, der Bienen hält, erwirbt ein vielfältiges Wissen über das biologische und soziale Leben der Honigbienen und leistet einen wichtigen Beitrag zum Erhalt unserer Kulturlandschaft.

FRÜHJAHRS-ENTWICKLUNG

— *Das Bienenvolk startet durch*

AUFBAU EINES STAATES

REINIGUNGSFLUG DER BIENEN

Im Vorfrühling weckt die Sonne die Natur aus ihrem Winterschlaf. Dort, wo die stärker werdenden Sonnenstrahlen den Schnee vertrieben haben, zeigen sich die ersten Frühlingsboten. Weiß blühende Schneeglöckchen und Märzenbecher, gelbe Winterlinge, purpurrote Taubnesseln und goldgelbe Kätzchenweiden sind die ersten Farbtupfer in den langsam grün werdenden Wiesen und Hecken. Der Vorfrühling gibt den Startschuss für das Erwachen der Natur und ist gleichzeitig eine Zeit voller Widersprüche: Frühlingshafte Sonnenstunden kämpfen gegen kalte Nächte. In der Pflanzen- und Tierwelt funktioniert der Temperaturverlauf wie ein Taktgeber.

Biene beim Wasserholen. Es wird zur Brutversorung und Wärmeregulierung im Stock benötigt.

Zunehmend warme Tage sind für Pflanzen und Tiere die besten Animateure, um in Schwung zu kommen.
Wenn jetzt die Sonne auf die Bienenwohnung scheint, dann lockert sich die Wintertraube. Steigt die Lufttemperatur auf mehr als 6 °C, werden die Honigbienen zusehends aktiv. Einige Arbeiterinnen fangen an, Zellen für die beginnende Brutzeit vorzubereiten. Einzelne Bienen unternehmen erste Ausflüge. Im nahen Umkreis holen sie Wasser, das sie im Bienenstock dringend benötigen.
☞ *Steigt die Außentemperatur auf mindestens 12 °C im Schatten, dann ist mit dem Reinigungsflug der Honigbienen zu rechnen. In unseren Breitengraden findet er meistens gegen Ende Februar, Anfang März statt.*
Die Bienen verlassen in kleinen Grüppchen ihre Wohnungen, wobei insgesamt ein starker Flug zu sehen ist. Der Grund für den gemeinsamen Ausflug: Die Bienen suchen eine „Toilette". Den ganzen Winter über sammeln sich Verdauungsrückstände in der Kotblase der Tiere an. Damit sie ihre Waben und ihr Flugloch nicht bekoten, warten Bienen mit der Entleerung, bis sie nach draußen können. Nach bis zu fünf Monaten des Eingeschlossenseins bietet ihnen der erste Ausflug eine echte Erleichterung.
Beim Reinigungsflug fliegen Bienen am liebsten helle Hauswände, glänzende Autos und auf der Leine hängende weiße Wäsche an. Dabei müssen sie sich neu auf ihr Flugloch und

Mit dem Reinigungsflug starten die Bienen in die neue Saison.

ihre Umgebung einfliegen, denn durch die lange Winterpause haben sie ihre im Herbst erworbene Orientierung wieder „vergessen". Für einen Imker ist es sinnvoll, regelmäßig Wettervorhersagen zu hören, um den ungefähren Zeitpunkt des Reinigungsfluges vorhersagen zu können. Davor ist nämlich einiges zu tun.

AUFGABEN DES IMKERS

Nachbarn informieren Die Nachbarn sollten über bevorstehende Reinigungsflüge informiert werden, denn falls sie an diesen Tagen ihr Auto im Freien parken oder draußen Wäsche aufhängen, werden sie von den „tierischen" Überraschungen wahrscheinlich nicht begeistert sein.

Tränke aufstellen Sollte im Flugkreis des Bienenstocks keine natürliche Wasserquelle vorhanden sein, muss eine Tränke außerhalb der Flugfront aufgestellt werden. Sehr praktisch sind größere Behälter wie z. B. eine Zink- oder Plastikwanne. Die Tränke sollte Torf enthalten, denn Torf beugt möglichen Erkrankungen der Bienen vor.

Schutzvorrichtungen entfernen Vor dem Reinigungsflug werden Fluglochkeile und andere Schutzvorrichtungen vom Flugloch entfernt, damit es nicht zu Staus und Drängeleien unter den Bienen kommt.

Bienenvolk umstellen Wer sein Bienenvolk im Flugbereich verlagern will oder muss, sollte dies ebenfalls vor dem Reinigungsflug tun, denn sonst kann es passieren, dass die Bienen ihr Flugloch nicht wiederfinden.

Die Flugaktivität der Bienen nimmt im Frühjahr zu. Das Bienenvolk startet durch.

Totenfall bewerten In jedem Bienenvolk sterben im Winter einige Bienen. Bis zu zwei Handvoll tote Bienen auf dem Gitterboden sind völlig normal. Ein viel höherer Totenfall kann auf eine Krankheit hinweisen. In diesem Fall sollte ein erfahrener Imker zu Hilfe gezogen werden. Zur genauen Abklärung kann man Bienenproben (mind. 25 Bienen pro Volk) an die zuständige Untersuchungsstelle schicken.

Die Anzahl der toten Bienen wird auf einer Stockkarte eingetragen. Um tote Bienen zu zählen, ist ein kleiner Messbecher hilfreich – 100 ml enthalten etwa 200 bis 250 Bienen. Falls man eine tote Königin vorfindet, merkt man sich dieses Bienenvolk für eine Vereinigung (ca. Mitte März) mit einem weiselrichtigen Volk vor. Die toten Bienen sollten anschließend beseitigt werden, um dem Volk das Hinaustragen abzunehmen.

Blickkontakt halten Für ein Öffnen der Beute ist es am Reinigungstag noch zu früh. Bei Temperaturen unter 16 °C können starke Wärmeverluste auftreten, die schlimmstenfalls den Verlust des gesamten Volkes zur Folge haben können.

Bis zur ersten größeren Frühjahrsdurchsicht ist es am besten, sich darauf zu beschränken, die Fluglöcher von toten Bienen zu befreien und das Flugloch regelmäßig zu beobachten. Am „Puls" des Bienenvolkes erfährt man alles Wichtige, ohne die Beute öffnen zu müssen. Besonders aufschlussreich sind morgendliche Kontrollen der Fluglöcher und ihrer Umgebung, denn später können durch Vögel, Wind oder Regen viele Anzeichen bereits verwischt oder gar vernichtet sein (siehe S. 114/ Fluglochbeobachtungen und ihre Bedeutung).

☞ *Nur in einem einzigen Fall sollte sofort gehandelt werden: Starker Totenfall am Flugloch, Bienen, die vom Flugbrett fallen, und viele tote Bienen mit vorgestrecktem Rüssel sind deutliche Indizien dafür, dass ein Volk am Verhungern ist. Hier muss sofort eine Notfütterung (siehe S. 76) durchgeführt werden.*

Manchmal tritt leider trotz guter Wintervorbereitung der schlimmste Fall ein: Das Bienenvolk ist tot. Ist die Ursache unklar, sollte der fachliche Rat eines erfahrenen Imkers eingeholt werden. Den befreienden Flug der Bienen aus dem Dunkel des Bienenstocks miterleben zu können, ist für jeden Bienenliebhaber immer wieder ein faszinierendes Ereignis. Wer die Möglichkeit dazu hat, geht an diesem Tag gern zum Bienenstand.

Falls bei Temperaturen über 12 °C und Sonnenschein kein Reinigungsflug zu beobachten ist, ist das zunächst kein Grund zur Beunruhigung. Manche Völker haben einen Reinigungsflug einfach noch nicht nötig.

BRÜTEN UND BRUTPFLEGE

Honigbienen praktizieren ein für das Insektenreich außergewöhnliches Brutverhalten und eine einzigartige Brutpflege. Nur eine einzige weibliche Biene kann für Nachwuchs sorgen – die Königin (Weisel). Sie wird nur einmal in ihrem Leben von mehreren Drohnen begattet. Aus diesem Samenvorrat kann sie über einen Zeitraum von mehreren Jahren Tausende Eier befruchten.

Im zeitigen Frühjahr legt die Königin ausschließlich befruchtete Eier, aus denen Arbeiterinnen entstehen. Sie kann aber auch gezielt unbefruchtete Eier legen. Aus diesen entwickeln sich die männlichen Bienen, die Drohnen.

Ab Februar beginnt die Weisel damit, kleine stiftförmige ca. 1,7 mm lange, weiße Eier (Stifte) in vorbereitete Wabenzellen abzulegen. Vor dem Legevorgang prüft sie die Zelle auf ihre Größe und ob diese nicht schon belegt ist. Danach senkt sie ihren Hinterleib tief in die Zelle hinein und heftet ein Ei so am Zellenboden fest, dass es schräg in der Zelle steht. Bienenfachleute bezeichnen das Eierablegen als Stiften.

Im Zentrum der Wintertraube entsteht ein handtellergroßes Brutnest von Eiern, das nach und nach immer größer wird. Die Königin legt die Eier kreisförmig auf die Brutwaben. Anfangs legt sie nur wenige Eier täglich und steigert ihre Rate allmählich auf bis zu 2.000 Stück am Tag. Das ist ungefähr ein Ei pro Minute und mehr als ihr eigenes Körpergewicht von ca. 0,2 g! Mit dieser massenhaften Eiablage ist die Königin voll und ganz ausgelastet. Seitlich und oberhalb des Brutnestes werden Pollen und Honig eingelagert.

☞ *Ein intaktes Brutnest muss eine geschlossene Brutfläche aufweisen und sollte nur wenige Löcher haben.*

Die stiftförmigen Eier legen sich leicht zur Seite.

Ein Brutnest mit Futterkranz, mit Pollen und Honig.

Ammenbienen bei der zeitaufwändigen Versorgung der Brut.

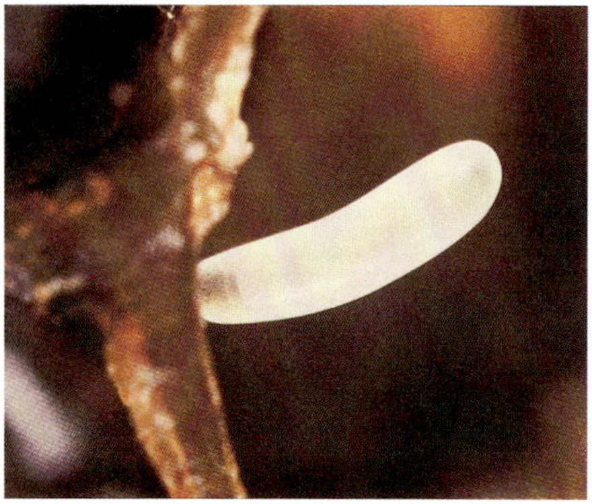

01

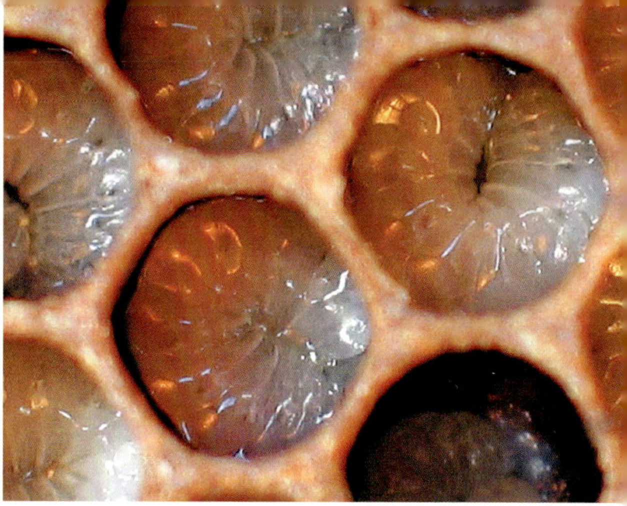

02

03

04

05

01 Ein Bienenei (Stift) ist am Zellboden angeheftet.

02 Rundmaden

03 Präparierte Rundmade

04 Präparierte Puppe

05 Frisch geschlüpfte Biene

VERSORGUNG DER NACHKOMMEN

Die Arbeiterinnen übernehmen in altersgerechter Aufgabenteilung Versorgung und Schutz der Nachkommenschaft.

— Die sogenannten Ammenbienen übernehmen die „Säuglings"-Fütterung und -Pflege.
— Weitere Arbeitsbienen – die „Wasserholerinnen" – sind dafür verantwortlich, ausreichend Wasser herbeizuschaffen. Das Wasser brauchen die Bienen dringend, um Pollen zu verdauen, Honig zu lösen und die Temperatur zu regeln.
— Andere Bienen sorgen dafür, dass im Brutbereich die ideale Temperatur von 35 °C herrscht. Durch stetes Erwärmen oder Kühlen der Luft regulieren sie gleichzeitig die Luftfeuchtigkeit auf 55 bis 65 %. Das sind die günstigsten Bedingungen für die Brut. Um die Temperatur zu erhöhen, bilden die Bienen eine lebende „Heizdecke" über der gefährdeten Brut und erzeugen Wärme durch stärkere Bewegung und Flügelzittern. Um die Temperatur zu senken, fächeln die Bienen mit ihren Flügeln und erzeugen einen kühlenden Luftstrom. Ist die Temperatur immer noch zu hoch, verteilen sie feine Wassertröpfchen auf den Waben und ventilieren.

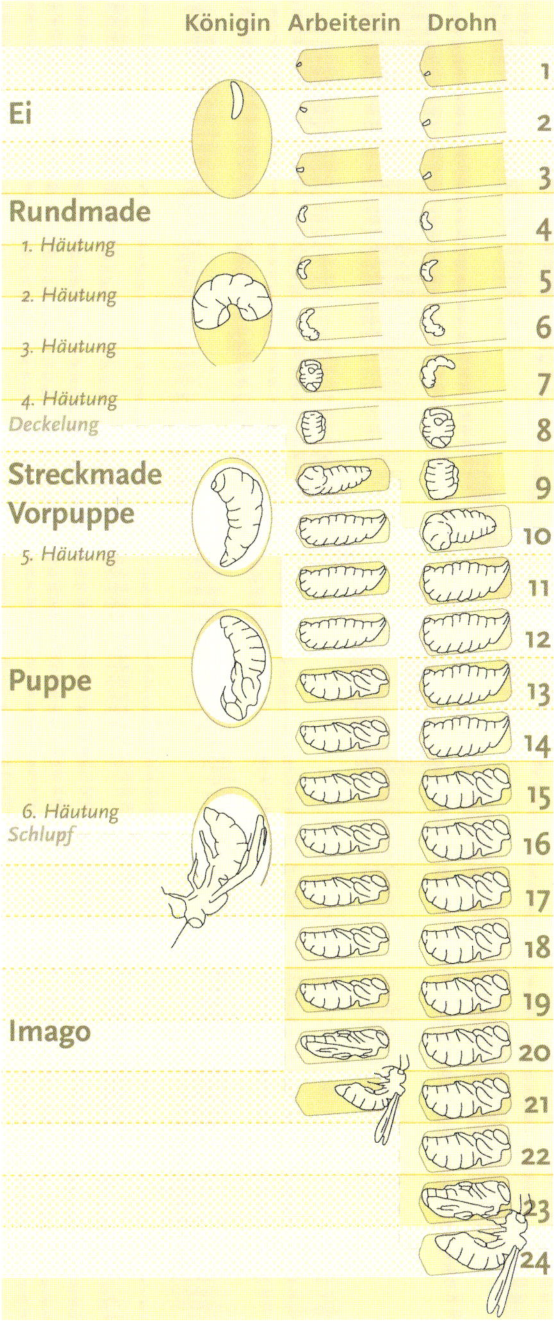

WUNDER: METAMORPHOSE

Jedes abgelegte Ei neigt sich innerhalb von drei Tagen in seiner Zelle mehr und mehr nach unten. Dann schlüpft eine winzige Larve, die als gekrümmte Rundmade auf dem Zellboden liegt.

Unmittelbar nach dem Schlüpfen erhält die 1 bis 1,5 mm lange Made so viel Futtersaft,

dass sie darauf schwimmen kann. Den Saft nennt man Gelée Royale (königlicher Saft). Die Ammenbienen erzeugen diese hochwertige Substanz in ihren Kopfdrüsen.
Das Larvenfutter löst einen beeindruckenden Wachstumsschub aus. In einem Zeitraum von nur sechs Tagen verfünfhundertfacht jede Made ihr Gewicht und muss sich viermal häuten, da ihr die alte Hülle nicht mehr passt. Hätte ein Baby die gleiche Gewichtszunahme, würde es nach sechs Tagen so viel wie ein Nilpferd wiegen!
Am sechsten Larventag strecken sich die weiblichen Maden, und am achten Tag hat das Füttern und Ruhen ein Ende. Stockbienen verdeckeln die Zellen der Streckmaden mit einer dünnen Wachsschicht, und die jungen Larven beginnen ihre geheimnisvolle Arbeit. Jede Larve spinnt sich aus körpereigenen Sekreten eine schützende Hülle, den Puppenkokon. In diesem Zellkokon vollzieht sich die unsichtbare Verwandlung einer unförmigen, dicken Made in eine flinke, geschäftige Biene. Durch drastische Einschnürungen bilden sich Kopf, Brust und Hinterleib, es wachsen Flügel und Beine.

DER NATÜRLICHE ZAUBERTRANK

Einige Forscher beschreiben Gelée Royale als eine Art Zaubertrank, der alle wichtigen Biostoffe enthält, die auch der menschlichen Gesundheit zuträglich sind. Es finden sich schnell aufnehmbare Zucker, essenzielle Aminosäuren, mehrfach ungesättigte Fettsäuren, Hormone und hormonähnliche Stoffe, antibiotische Substanzen, wichtige Mineralstoffe, Spurenelemente sowie Vitamine.

GELÉE ROYALE, DER SAFT, DER KÖNIGINNEN MACHT

Die Zusammensetzung des Futters entscheidet darüber, ob aus einer weiblichen Larve eine Arbeitsbiene oder eine Königin entsteht. Bis zum dritten Larventag erhalten alle Jungmaden ausschließlich Gelée Royale.

- Erhält die Jungmade ab dem dritten Larventag zusätzlich Honig und Pollen, dann wird aus ihr eine Arbeitsbiene.
- Larven aus unbefruchteten Eiern werden gefüttert wie Arbeiterinnenlarven und entwickeln sich zu Drohnen.
- Bekommt eine weibliche Larve ausschließlich Gelée Royale, entwickelt sie sich zur Königin.

Dieser nahrhafte Geniestreich macht es den Honigbienen möglich, bei Verlust der Königin sofort eine neue Weisel heranzuziehen. Einzige Voraussetzung dafür ist: Es müssen jüngste Larven (am besten maximal einen Tag alt) vorhanden sein. Füttern die Bienen diese Larven nur noch mit Gelée Royale, so entstehen junge, vollwertige Königinnen.
Nur Königinnen erhalten diese aromatisch duftende und säuerlich schmeckende Speise

In der Natur bauen Bienen Herzwaben.

EINE WAHRE MEISTERLEISTUNG

Jeder Architekt und jeder Bauingenieur könnte auf Bienen neidisch werden: Das Sechseckmuster nutzt den Raum optimal aus, es benötigt am wenigsten Baumaterial, und es garantiert eine hohe Tragkraft. Eine Bienenwabe kann 2 bis 3 kg Honig aufnehmen und braucht zum Bau maximal 100 g Wachs. Für 1 kg Wachs werden ca. 4 Mio. Wachsplättchen benötigt.

ihr Leben lang. Gelée Royale ist nicht nur verantwortlich für das rasche Wachstum der Weisellarven. Es sorgt auch für die hohe Lebensdauer (bis zu fünf Jahre!) und die bemerkenswerte Legetätigkeit der Königinnen. Gegen Ende März hat die Königin ihr Brutnest häufig schon auf 10.000 Brutzellen erweitert. Das sind drei bis vier Waben, in denen sich Stifte, Larven und Puppen befinden. Zu dieser Zeit leben ca. 10.000 bis 15.000 Honigbienen im Stock, und täglich geht es lebhafter zu.

WAHRE KÜNSTLER: WABENBAU

Sobald Bienen mehr Platz benötigen, fangen sie an, ihre wohnlichen Waben auszubauen. Sie brauchen Raum für ihr wachsendes Brutnest, für die Honigbereitung, für Honig- und Pollenlagerung und zum Ausruhen.

LEBEN IM SECHSECK

Bienen sind ebenso emsige wie geniale Baumeister. Jede Bienenwabe besteht aus zwei mit der Rückwand aufeinanderstoßende Zellschichten. Ausgehend von einer hauchdünnen Mittelwand aus Wachs – die exakt senkrecht ausgerichtet ist – sind beidseitig sechseckige, prismenförmige Zellen angeordnet. Die einzelnen Zellen sind leicht nach oben geneigt und zunächst offen. Auf der ganzen Welt bauen Bienen ihre Waben nach diesem Prinzip. Eine Bienenwabe kann je nach Größe mehrere Tausend Zellen enthalten. Auf und in ihnen spielt sich das Alltagsleben der Honigbienen ab. Durch den Kontakt mit Honig, Pollen, Futtersaft und Puppenkokons verändert sich der Farbton der ursprünglich weißen Wabenzellen. Zellen, aus denen bereits Brut geschlüpft ist, sind anfangs hell- und schließlich dunkelbraun eingefärbt. Verdeckelte Honigzellen erkennt man an ihrem milchweißen Glanz, Pollenzellen an ihren unterschiedlichen Farben.

DIE BIENE ALS WACHSFABRIK

Am Bau der Bienenwaben sind hauptsächlich 12 bis 18 Tage alte Stockbienen beteiligt – die sogenannten Baubienen. Baubienen sind in der Lage, aus ihren acht Wachsdrüsen kleine Wachsschuppen auszuschwitzen. Ragt eines der acht Wachsplättchen aus der Tasche zwischen den Bauchringen heraus, so zieht es die Biene mit der Fersenbürste der Hinterbeine hervor und reicht es mit den Vorderbeinen an die Mundwerkzeuge weiter. Die Baubiene kaut und knetet das Wachsplättchen zu einem Klümpchen und heftet es an den entstehenden Wabenbau.

Wachsverarbeitung

An manchen Stellen häufen die Bienen Wachs an, dann wieder schaben sie Wachs ab, um das neue Zellgefüge zu verdünnen. Immer wieder pressen sie mit ihren Kiefern Wachsklümpchen fest, verteilen Wachs und glätten es. Diese Grundbautechniken führen sie in beliebiger Reihenfolge aus.
Die Baubienen hängen sich wie Zirkusakrobaten – mit den Köpfen nach oben gerichtet – ketten- oder traubenförmig untereinander. Auf diese Weise bilden sie ein Lot zur Ermittlung der Senkrechten und können daher die Böden der einzelnen Zellen exakt senkrecht ausrichten.
Jede Biene besitzt besonders sensible Haare. Diese Sinneszellen zeigen ihr an, wo oben und unten ist und welchen Winkel ihr Körper zur Senkrechten bildet. Dadurch kann sie die Zellwände optimal angleichen. Während der gesamten Bauzeit ist jede Biene ihr eigenes Senklot, ihr eigener Kompass und Mikrometer.
Da Bienenwaben nicht Zelle für Zelle gebaut werden, sondern jede Biene dort Wachs auf- und abträgt, wo sie sich gerade befindet, wächst die Wabe wie ein scheinbar ganz planloses Kunstwerk. Selbst der wohlwollendste Beobachter kann diese Bauweise nur als „wildes Chaos" beschreiben. Tatsächlich ist das Bauverhalten nur scheinbar chaotisch und ohne Regeln. Denn alle Baubienen arbeiten zwar im Alleingang, doch gleichzeitig stimmen sie ihre Bautätigkeit perfekt aufeinander ab.

Weiselzellen sind die Wiegen junger Königinnen.

In den Monaten April bis Juni kann ein Volk innerhalb von 24 Stunden eine komplette Wabe bauen.

Für die Arbeit in der stockdunklen Beute haben die Bienen hochfeine Sinnesorgane entwickelt. Um zu ermitteln, wie groß eine Zelle sein muss, misst die Baubiene sie einfach mit ihrem eigenen Körper aus. Mit Hilfe ihrer Fühler kann sie Zellwände auf ein haargenaues Maß bringen. Sie klopft zuerst mit dem Kiefer auf die Zellwand und misst dann die Vibrationen, die sie damit hervorruft. Bienen können mit den erzeugten Resonanzen auf Tausendstelmillimeter genau messen. Das versetzt sie in die Lage, Zellen mit identischer Wandstärke zu konstruieren. Diese Zellwandkonstruktion sorgt dafür, dass beide Seiten der Waben automatisch die gleiche Festigkeit haben.

BAUEN ALS MASSARBEIT

Baubienen können äußerst präzise und originell bauen. Für die Arbeiterinnenbrut fertigen sie Zellen mit einem Durchmesser von genau 5,3 mm an und für die etwas dickeren Drohnenlarven Zellen mit einem Durchmesser von genau 6,9 mm. Besonders im Frühjahr bauen die Bienen verstärkt Drohnenzellen.

Für ihre königlichen Kinder haben die fliegenden Baumeister etwas ganz Spezielles kreiert: die Königinnen- bzw. Weiselzelle. Die Weiselzelle hängt stets senkrecht nach unten und ähnelt somit einer nach unten geöffneten Glocke.

☞ *Das Anfertigen unterschiedlicher Zellen hat einen Grund: Zellgröße und -form entscheiden darüber, welche Art von Bienenwesen – Arbeiterin, Drohn oder Königin – in den Zellen entstehen kann.*

BEDEUTUNG DER WABENGASSEN

Jedes Bienenvolk baut immer an mehreren Waben gleichzeitig. Die Oberflächen der Waben haben stets einen Abstand von 10 mm zueinander, sodass zwei bis drei Bienen hindurchkommen können. Durch diese Bauweise entsteht eine natürliche „Wabengasse" im Bienenstock.

Zwischen den Gassen laufen die Bienen hin und her und verrichten all ihre Tätigkeiten. Die natürliche Größe der Wabengassen ist von großer Bedeutung für die Harmonie eines Volkes. Hängt man Bienenwaben weiter auseinander, so verlängern die Tiere ihre Zellen. Es entstehen Dickwaben, in denen die Bienen ausschließlich Honig lagern, in denen sie aber keine Brutpflege mehr betreiben. Sobald eine Honigzelle mit reifem Honig gefüllt ist, verschließen die Arbeiterinnen sie mit einem Wachsdeckel. Genauso werden auch spinnreife Bienenlarven in ihren Zellen „verdeckelt". Diese kleinen Bauarbeiten können alle Bienen ausführen.

POLLEN: EIN WUNDERFUTTER

Pollen ist der einzige Eiweißlieferant für die Honigbienen. Sogar wenn Nektar und Honigtau als Energielieferanten im Überfluss vorhanden sind – ohne Pollennahrung kann im Bienenstock kein Tier überleben. Die Ammenbienen brauchen Pollen, um den Futtersaft zu produzieren, mit dem die jungen Larven ernährt werden. Die älteren Larven brauchen Pollen für ihr Wachstum. Alle erwachsenen Bienen brauchen Pollen, um Gift produzieren zu können. Und die Winterbienen brauchen Pollen, um mit einem üppigen Eiweiß-Fett-Polster den Winter zu überstehen.

WIE BIENEN POLLEN SAMMELN

Pollen sehen aus wie winzige, gefärbte Staubkörner. Sie können in jeder Form und in jeder Farbe erscheinen. Jeder Pollen ist in den Staubbeuteln einer Blüte eingeschlossen. Auch für das geschickteste Insekt der Welt ist es unmöglich, puren Blütenstaub einzusammeln und zu transportieren. Die Honigbiene setzt deshalb beim Pollensammeln eine Reihe von Tricks ein.

Im Frühjahr benötigen die Bienen für die Aufzucht der Brut frischen Pollen.

Als Erstes füllt sie ein wenig Honig als Reisetreibstoff in ihren Honigmagen. Dann fliegt sie los und steuert die erste Blüte an. Während sie nach Nektar sucht, wird sie mit Blütenstaub eingepudert. Mit zwei speziellen Fersenbürsten bürstet sie den Pollen aus ihrem Haarkleid. Sie vermischt die trockenen Pollenkörner mit etwas Honig oder Nektar und formt daraus zwei kleine Klümpchen. Diese Klumpen schiebt sie in zwei besondere Vertiefungen – die sogenannten Pollenkörbchen – an ihren Hinterbeinen. So entstehen während einer ausgiebigen Blütentournee nach und nach kleine Pollenpakete, die sogenannten Pollenhöschen.

☞ *Jede Sammelbiene muss ungefähr 100 Blütenbesuche unternehmen, um ihre Pollenkörbchen zu füllen.*

Danach kehrt sie in ihren Stock zurück und streift die bunten Pollenhöschen in einer brutnahen Zelle ab. Die Stockbienen stampfen den Pollen mit dem Kopf fest und überziehen ihn mit einer dünnen Schicht Honig, der als Konservierungsmittel dient.

Unterschiedliche Pollenhöschen in vierfacher Vergrößerung.

Erwachsene Bienen verrichten altersabhängig verschiedenste Arbeiten.

BIENENFLEISS UND OBSTERTRAG

01

02

Wenn sich eine Biene auf einer Blüte niederlässt, wird sie durch die Staubbeutel der Blüte mit Blütenpollen, den männlichen Keimzellen der Pflanze, bepudert. Fliegt sie dann zur nächsten Blüte, um Nektar oder Pollen zu sammeln, so fällt etwas von dem Blütenstaub auf die Narbe der Blüte, die die weiblichen Keimzellen der Pflanzen enthält. So kommt es bei insektenblütigen Pflanzen zur Bestäubung und effektiven Befruchtung. Nur aus diesem Grund können sich Samen und Früchte entwickeln.

Bei den Honigbienen ist zudem eine ganz besondere Verhaltensweise zu beobachten. Sie besuchen Blüten nicht wahllos hintereinander, sondern sie besuchen während eines Sammelfluges immer nur die Blüten einer einzigen Pflanzenart, sodass der Blütenstaub stets auf die richtige Pflanze gelangt. Durch diese Blütenstetigkeit wird sowohl die Anzahl der Früchte als auch deren Qualität beträchtlich erhöht.

Ca. 80 % unserer heimischen Blütenpflanzen sind auf die Bestäubung durch Insekten angewiesen, wobei ein großer Teil von Honigbienen übernommen wird. Bienen steigern durch ihre Bestäubungstätigkeit die Erträge zahlreicher Kultur- und Wildpflanzen. Vor allem im Obstbau sind Bienen unentbehrlich, denn beim Obst tätigen Bienen bis zu 90 % der Bestäubung. Dadurch werden die Erträge um ein Vielfaches gesteigert.

03

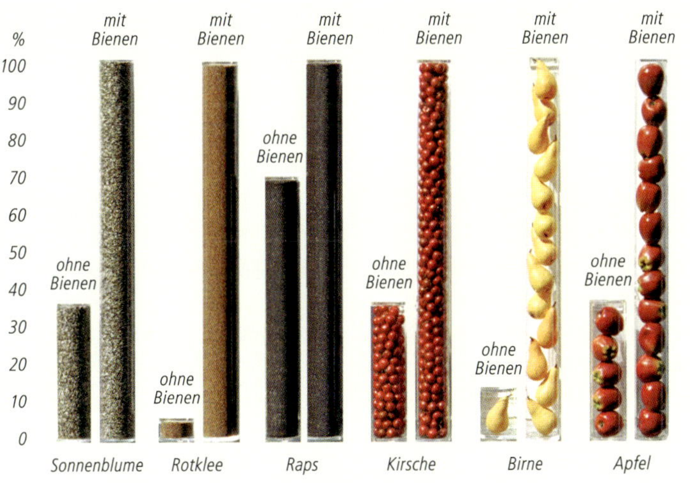

04

01 Bienen bauen bei guten Trachtverhältnissen den Baurahmen zügig aus.

02 Obstgehölze sind mit ihren zahlreichen Blüten wichtige Nektar- und Pollenspender im Frühjahr.

03 Millionen von Blüten sind im Rapsfeld zu bestäuben.

04 Für Deutschland wird der volkswirtschaftliche Wert der Bestäubungsleistung durch Bienen auf 2,5 Milliarden Euro geschätzt. Die Bestäubungsleistung der Honigbiene ist unersetzbar und macht sie zur viertwichtigsten Tierart in Deutschland.

TRACHTPFLANZEN
— im Frühjahr

HASELNUSS

(Corylus avellana)

Nektar/Pollen: März, April
Herkunft: Europa, Westasien
Höhe: 200 – 700 cm
Wuchs: aufrechter Strauch, vielstämmig, mit eiförmig-rundlichen, gesägten Blättern.
Vorkommen: lichte Laubmischwälder und Feldgebüsche
Verwendung: Anpassungsfähig, schatten- und schnittverträglich. Als Bodenbefestiger und für Schutzpflanzungen.
Pollenhöschenfarbe: schwefelgelb

SCHNEEGLÖCKCHEN

(Galanthus nivalis)

Nektar/Pollen: März, April
Herkunft: Europa, Westasien
Höhe: 5 – 20 cm
Wuchs: Zwiebelgewächs, zweiblättrig
Vorkommen: feuchte Laubmisch-, Au- und Schluchtwälder; frischer, humoser Boden.
Verwendung: Zur Pflanzung unter lichtem Gehölz, auf Rasenflächen und als Einfassung.
Vermehrung: Zwiebeln
Pollenhöschenfarbe: orange

WINTERLING

(Eranthis hyemalis)

Nektar/Pollen: März, April
Herkunft: Kleinasien
Höhe: 5 cm
Wuchs: Staude mit aufrechtem Stängel, Krause von glänzenden Hochblättern.
Vorkommen: durchlässige, frische, kalkhaltige Böden, sonniger bis halbschattiger Standort.
Verwendung: Steingärten, Blumenbeete, vor Gehölzen in Gruppen.
Vermehrung: Teilung, Aussaat
Pollenhöschenfarbe: gelblich

SALWEIDE

(Salix caprea)

Nektar/Pollen: März, April
Herkunft: Europa, Asien
Höhe: 7 – 10 m
Wuchs: Strauch oder Baum mit steifen Trieben und elliptischen Blättern.
Vorkommen: Waldränder, Kahlschläge, Steinbrüche, frische lehmige Böden; Sonne und Halbschatten
Verwendung: männliche Pflanzen in Gärten und Parks; in der Landschaft für Schutzstreifen
Pollenhöschenfarbe: gelb

KROKUS

(Crocus neapolitanus)

Nektar/Pollen: März, April
Herkunft: Europa, gemäßigtes Asien, Nordafrika
Höhe: 8 – 20 cm
Wuchs: Ausdauernd, lanzettliche Blätter
Vorkommen/Verwendung: Verwildert auf Begwiesen. Für Steingärten und Rasenflächen auf humosem, sandig-lehmigem, frischem bis feuchtem Boden an sonnigem Standort. Rasenmahd erst nach Vergilben der Blätter.
Pollenhöschenfarbe: braungelb

HUFLATTICH

(Tussilago farfara)

Nektar/Pollen: März, April
Herkunft: Europa, West- und Nordasien, Nordafrika
Höhe: 10 – 20 cm
Wuchs: Ausdauernde Wild- und Heilpflanze mit Blattschuppen am Stängel.
Vorkommen: lückig bewachsene Flächen an Ufern, Wegen und Dämmen. Liebt kalkhaltigen humusarmen, feuchten Boden.
Pollenhöschenfarbe: rotgelb

ESCHEN-AHORN

(Acer negundo)

Nektar/Pollen: April, Mai
Herkunft: Nord- und Mittelamerika
Höhe: 10 – 20 m
Wuchs: Baum mit breit ausladender Krone, oft mehrstämmig, mit gefiederten Blättern und gesägten Blättchen.
Vorkommen: Laub-Mischwälder, Ufer und Auwälder. Zierformen auch Parkbaum. Anspruchslos, für trockenen wie feuchten Boden, Sonne wie Halbschatten.
Pollenhöschenfarbe: blassgelb

KIRSCH-PFLAUME

(Prunus cerasifera)

Nektar/Pollen: April, Mai
Herkunft: Westasien, Kaukasus
Höhe: 3 – 8 m
Wuchs: Strauch oder kleiner Baum, aufrecht buschig. Blätter elliptisch, gesägt.
Vorkommen/Verwendung: anspruchslos an den Boden, Früchte essbar.
Pollenhöschenfarbe: dunkelgelb

LÖWENZAHN

(Taraxacum sec. Ruderale)

Nektar/Pollen: April – Juni
Herkunft: Nördliche Hemisphäre
Höhe: 5 – 60 cm
Wuchs: Ausdauernd, mit blattlosen Stängeln und schrotsägeförmig fiederteiligen Blättern in einer grundständigen Rosette.
Vorkommen: Wiesen, Weiden, Äcker, Schuttplätze und Gärten auf nährstoffreichem Boden
Verwendung: Heilpflanze
Vermehrung: Samenverbreitung bzw. Aussaat
Pollenhöschenfarbe: rötlich gelb

BEOBACHTUNGEN IM FRÜHJAHR

Die Zeit zwischen Reinigungsflug und Beginn der Obstblüte ist für jeden Imker spannend und schwierig zugleich. Er weiß: Das Bienenvolk braucht reichlich Futter und Pollen im Volk, eine nahe Wasserversorgung, ersten frischen Pollen und Nektar und eine leistungsstarke Königin, die viele Eier legt. Ein Anfänger würde in dieser Zeit am liebsten nachschauen.

☞ *Aber: Eingriffe in das Bienenvolk wirken sich jetzt fast immer nachteilig aus und sollten daher unterbleiben.*

Ist im zeitigen Frühjahr um das Flugloch herum Kondenswasser zu sehen, ist dies ein Hinweis darauf, dass ein Volk bereits brütet. Wird außerdem Pollen eingetragen, lässt man das Bienenvolk in Ruhe, denn dies ist ein gutes Zeichen für die Bruttätigkeit und Weiselrichtigkeit des Volkes.

Da Pollen nur mit Hilfe von Wasser verarbeitet werden kann, ist darauf zu achten, dass den Bienen jederzeit ausreichend Wasser zur Verfügung steht. Bei aufgestellten großen Tränken (mit ca. 50 l Inhalt) ist es notwendig, das Wasser einmal monatlich zu kontrollieren und bei Bedarf aufzufüllen. Bei kleineren Tränken sind wöchentliche Kontrollen sinnvoll.

SCHÄTZEN DER FUTTERVORRÄTE

Ein großer Teil des Winterfutters wird von den Bienen erst im Frühjahr verbraucht, da zu dieser Zeit die Brutaufzucht beginnt. Für die Monate März und April muss jedes Volk insgesamt ca. 8 bis 10 kg Futtervorrat haben. Mit vier bis fünf voll verdeckelten Futterwaben steht man auf der sicheren Seite.

Geübte Bienenhalter schätzen die Futtervorräte durch Anheben des Bienenvolkes. Um den Gewichtsvergleich zu üben, kann man eine bienenfreie Zarge (mit Rähmchen, Boden und Deckel) zum Bienenstand mitnehmen.

Wer sich das nicht zutraut, kann an warmen Tagen (ab 16 °C) die Vorräte durch Herausziehen der Futterwaben überprüfen. Der Magazindeckel wird geöffnet und die Folie zurückgeschlagen. Man zieht jeweils die Randwaben heraus und prüft die Ausdehnung der verdeckelten Honig- und Futterkränze. Stehen den Bienen weniger als vier volle Futterwaben zur Verfügung, sollte zugefüttert werden.

Für ihr Gleichgewicht hat die Biene auf jeder Seite ein Pollenpaket.

FÜTTERN IM FRÜHJAHR

Am besten geeignet sind Reservefutterwaben – aus aufgelösten, aber gesunden Völkern –, weil diese schon aufbereiteten Zucker enthalten. Sie werden möglichst dicht an den Brutnestrand gehängt, damit die Bienen es nicht so weit bis zum Futter haben. Als Ersatz für Futterwaben wird Futterteig verwendet. Er kann als Fertigware (z. B. Apifonda) gekauft oder selbst hergestellt werden. Ein dünner Fladen Futterteig wird auf einer umgeschlagenen Folie einfach auf die obere Zarge gelegt. Man nimmt nur kleine Portionen (maximal 1 kg) und wiederholt die Fütterung, wenn die Frühjahrstracht weiterhin auf sich warten lässt. Besonders im März/April kann es leicht passieren, dass der Futtervorrat eines Bienenvolkes ganz plötzlich zu Ende geht, weil der Verbrauch an Futter ständig steigt – vor allem wenn große Brutflächen gepflegt werden. In solchen Fällen tritt manchmal ein unerwarteter, akuter Futtermangel auf, der nur durch eine sofortige Notfütterung behoben werden kann.

Der Futterteig wird auf einer halbierten Folie auf die obere Zarge gelegt.

FUTTERTEIG-REZEPT

3 Teile Puderzucker und 1 Teil flüssiger Honig gut verkneten. Der Honig kann eventuell mit 10 % Wasser gestreckt werden.

Notfütterung

Eine Notfütterung ist erforderlich, wenn man Folgendes beobachtet: Bienen, die – fast reglos – auf leeren Waben sitzen. Im letzten Stadium vor dem Hungertod werden Bienen zu Kannibalen, da sie in ihrer Not die offene Brut aussaugen, um an Eiweißfutter zu kommen.

Zum Beheben eines akuten Futtermangels sind die auf den Waben sitzenden Bienen vorsichtig mit einer warmen Zuckerlösung (Wasser und Zucker im Verhältnis 1:1) zu besprühen. Anschließend muss man einige Futterwaben an den Bienensitz hängen oder den Bienen flüssiges Fertigfutter geben. Durch wiederholte Fütterungen muss ein ausreichender Futtervorrat entstehen.

☞ *Faustregel: Ein Bienenvolk sollte immer über einen Vorrat von ca. 5 kg Futter verfügen.*

EINGRIFFE IM AUSNAHMEFALL

Nur falls sich ein Bienenvolk am Flugloch auffallend unruhig verhält oder bei anhaltend gutem Flugwetter gar nicht ausfliegt, ist ein Eingriff sinnvoll.

Ein lautes unruhiges Brausen des Volkes im Stock ist oft ein Zeichen für Weisellosigkeit. Kein Flugbetrieb kann bedeuten, dass das Volk eingegangen ist.

Um die Ursache herauszufinden, entfernt man die Folie und zieht vorsichtig eine Wabe aus dem Bienensitz heraus. Es ist zu prüfen, ob Brut in allen Stadien und vor allem frisch

bestiftete Arbeiterinnenzellen zu sehen sind. Ist das der Fall, dann können Sie beruhigt sein, es ist alles in Ordnung.
Gibt es keine Brut, so ist das Volk ohne Königin und kann mit einem anderen Bienenvolk vereinigt werden (siehe S. 25). Findet man ausschließlich verdeckelte Drohnenbrut vor, muss das Bienenvolk aufgelöst werden (siehe S. 24). Falls das Aussehen der Brutwabe und der Zustand der Bienenbrut stark vom Normalzustand abweichen (siehe S. 42 ff.), muss überprüft werden, ob das Volk krank ist. Wird eine schwere Krankheit festgestellt, muss das Volk abgeschwefelt, d. h. getötet, werden.
Bei weiselrichtigen, gut mit Futter versorgten Völkern ist nichts weiter zu unternehmen. Wer etwas tun will, kann den Bienen in aller Ruhe beim Pollen- und Nektarsammeln zuschauen.

ENTWICKLUNG DES VOLKES

1869 hat Johannes Mehring – berühmt geworden durch die Erfindung der künstlichen Mittelwand – den Begriff „Bien" für die Einheit von Bienen, Wohnung und Vorräten eingeführt. Von einigen Imkern kann man ihn noch hören, die meisten jedoch sprechen heute vom Bienenvolk oder Volk.
Mit dem Beginn der Blütezeit von Ahorn, Obstgehölzen, Löwenzahn und Raps gehen enorme Umwälzungen im Bienenvolk einher. Die Sammelbienen fliegen in Scharen und sammeln Nektar und Pollen von dem reichlichen Angebot. Die Baubienen bauen unermüdlich Waben aus. Etwas jüngere Stockbienen lagern Honig und Pollen ein, und die Königin verstärkt ihre Eiablage.

Honigbiene beim Pollensammeln an einem Blaustern.

Bis Ende April hat sich das Brutnest häufig auf 20.000 Brutzellen erweitert, das entspricht sechs bis acht vollen Waben. Während Anfang April jeden Tag etwa 500 junge Bienen schlüpfen, sind es Ende April mehr als 1.000. Das bedeutet einen Anstieg von 4.000 bis 10.000 Jungbienen in der Woche. Ein Anwachsen auf 30.000 bis 40.000 Bienen innerhalb kürzester Zeit ist daher keine Seltenheit.

Die Kippkontrolle zeigt deutlich, ob die Bienen „durchhängen".

URSACHE FÜR DIE EXPLOSION DER BIENENVÖLKER?

Die Lebensuhren der 8.000 bis 15.000 Winterbienen laufen im Frühjahr ab. Die Winterbienen sterben nach und nach und müssen ständig durch neu schlüpfende Sommerbienen ersetzt werden.
Die Königin muss daher mindestens an die 15.000 Zellen bestiftet haben, um allein die Erneuerung des Bienenvolkes sicherstellen zu können.
Zudem wird mit dem Einsetzen der Frühtracht zudem eine große Anzahl von Arbeitsbienen benötigt, die diese zeitlich sehr begrenzte Tracht eintragen und weiterverarbeiten. Auch damit sich der Bien später durch Teilung vermehren kann, muss das Volk eine ganz bestimmte Mindestgröße erreichen.

Drei Voraussetzungen ermöglichen diese rasante Frühjahrsentwicklung:

— stabile Frühlingswärme,
— üppiges Trachtangebot,
— eine leistungsfähige Königin, die in der Lage ist, eine ungeheure Menge befruchteter Eier abzulegen.

Im April zeigt sich, ob ein Bienenvolk überlebensfähig ist. Es ist eigentlich erst über den Winter gekommen, wenn bis zur Rapsblüte noch eine Vielzahl an Winterbienen vorhanden ist und bereits zwei Brutgenerationen geschlüpft sind. Nur dann können zahlreiche Sammelbienen die Frühtracht einbringen und es sind genügend Stockbienen vorhanden, um die aufwändige Brutpflege zu übernehmen. Nur dann kann aus dem Wintervolk ein starkes Sommervolk werden.

Man sollte den Bienen im Frühjahr Platz geben.

„Wildbau" ist ein Anzeichen für Platzmangel.

DURCHSICHT IM FRÜHJAHR

Wenn die Temperaturen mehrere Tage lang auf mehr als 16 °C ansteigen – das ist meist im April zu erwarten –, ist die Frühjahrsdurchsicht an der Reihe. Sie sollte an einem sonnigen und möglichst windstillen Tag erfolgen und dient dazu, drei wichtige Fragen zum Zustand des Bienenvolkes zu beantworten.

☞ *Neben einer erneuten Vorratskontrolle wird geschaut, wie groß die Volksstärke ist und ob der Wohnraum angepasst werden muss.*

FUTTERKONTROLLE

Im April sollte ein Bienenvolk noch etwa 4 bis 6 kg Vorrat haben – das entspricht zwei bis drei Futterwaben, denn je nach Volksstärke werden 100 bis 200 g Futter pro Tag verbraucht. Ein Überschuss an Futterwaben kann entnommen und durch Leerwaben ersetzt werden. Dadurch können die Bienen ihr Brutnest erweitern, und es wird eine Reserve an Futterwaben geschaffen.

BEURTEILUNG DER VOLKSSTÄRKE

Es gibt keine allgemein gültige Regel dafür, welche Größe ein Bienenvolk im Frühling haben muss. Die Einschätzung, ob ein Volk erhaltenswert ist oder nicht, hängt allein vom Ziel der Bienenhaltung ab. Anfänger und Bienenhalter mit einer geringen Völkerzahl sind eher geneigt, auch kleine Völker zu behalten.

Will man in erster Linie Honig ernten, sollten die Völker bei der Durchsicht acht bis zehn Waben besetzen.

Erweiterungszargen können zu Hause vorbereitet und zum Bienenstand mitgenommen werden.

Hier wird an zweiter Stelle ein markierter Baurahmen eingehängt.

☞ *Als optimale Volksstärke gilt: Alle Waben – auch die Randwaben – sind gut mit Bienen besetzt, die einzelnen Wabenzellen sind jedoch noch deutlich zu erkennen.*

In diesem Fall ist alles bestens, und man braucht nichts weiter zu tun. Auch Bienenvölker, die eine durchschnittliche Anzahl von fünf bis sieben Waben besetzen, liegen noch im akzeptablen Bereich.

Problematisch wird es, wenn ein Bienenvolk im Frühjahr nur vier Waben oder weniger besetzt. Ein solch schwaches Volk wird sich aus eigener Kraft nicht gut entwickeln. Ein erfahrener Imker würde ein solches Volk auflösen und andere Bienenvölker damit verstärken.

„Durchhängen" der Bienen

Bei milder Witterung fangen gut versorgte Völker im April an, stark zu wachsen. Stellt man bei der Beurteilung der Volksstärke fest, dass alle Waben und Wabengassen so dicht besetzt sind, dass kaum noch einzelne Zellen

erkennbar sind, wird überprüft, ob das Bienenvolk „durchhängt". Dazu hebt man die obere Zarge an und schaut darunter. Hängen die Bienen großflächig durch, sollte eine Erweiterung durchgeführt bzw. der Honigraum aufgesetzt werden (siehe S. 80).
Im Allgemeinen ist um die Zeit der Kirschblüte (etwa Mitte bis Ende April) die erste Erweiterung fällig. Völker, die einräumig überwintert haben, werden jetzt um eine zweite Brutraumzarge erweitert und erhalten einen Baurahmen (Leerrahmen). Starke Völker, die zweiräumig überwintert haben, erhalten bei der Erweiterung der Ein-Zargen-Völker zwei Baurahmen (je Brutraumzarge einen! – siehe S. 95 ff.).

ERWEITERUNG

Eine Erweiterung erfolgt in der Magazinimkerei in der Regel von oben. Da jeweils mit ganzen Zargen gearbeitet wird, kann eine komplette Erweiterungszarge einfach vorbereitet werden. Eine Leerzarge wird mit fünf Leerwaben, fünf Mittelwänden und einem Baurahmen (= Leerrahmen) ausgestattet. Die Anzahl kann aber auch variiert werden (vier bis sechs ausgebaute Waben und entsprechend vier bis sechs Mittelwände). Anfänger, denen noch nicht genügend Leerwaben zur Verfügung stehen, erweitern ausschließlich mit Mittelwänden. Um ausreichend Leerwaben zu erhalten, ist es wichtig, in jedem Frühjahr von jedem Volk etwa zehn bis zwölf Mittelwände ausbauen zu lassen.

ZARGENTAUSCH BEI ZWEI-RAUM-VÖLKERN

Stellt man bei einem doppelräumig überwinterten Volk fest, dass es die untere Zarge nicht – oder nur sehr gering – besetzt, werden die Zargen vertauscht. Um erkennen zu können, ob sich auf den Waben der unteren Zarge Bienen befinden, muss man die obere Zarge abheben und abstellen. Die voll besetzte Zarge kommt nach unten und die gering besetzte nach oben. Unbesetzte Waben sollten nur dann herausgenommen und durch Leerwaben ersetzt werden, wenn man feststellt, dass sie von Schimmel befallen sind.

VORGEHENSWEISE BEI DER ERWEITERUNG

1. Zwei Leerwaben als Block in die Mitte einer Leerzarge einhängen.
2. Rechts und links davon abwechselnd Mittelwände und Leerwaben einhängen.
3. Einen Leerrahmen an zweiter oder dritter Stelle an den Rand rücken.
4. Auf den Magazinboden kommt eine Bausperre aus Holz, damit die Bienen hier keinen Wildbau betreiben.
5. Die fertige Erweiterungszarge auf die untere Zarge setzen.
6. Das Volk mit dem Magazindeckel verschließen.

STIMMUNGS-BAROMETER

Der Baurahmen ist ein Rahmen ohne Mittelwand, der im Randbereich des späteren Brutnestes, also etwa an zweiter bzw. dritter Stelle eingehängt wird. Ein solcher Leerrahmen sollte im April immer gegeben werden, damit die Bienen an ihm frei bauen können.

☞ *Der Baurahmen hat eine wichtige Funktion als Stimmungsbarometer, als biologische Waffe bei der Bekämpfung der Varroamilbe und als Wachslieferant.*

Je nach Stimmung im Volk bauen die Bienen den Leerrahmen mit Arbeiterinnen- oder Drohnenzellen aus. An der Art der gebauten Zellen und der Geschwindigkeit, mit der gebaut wird, können der Zustand des Bienenvolkes abgelesen und entsprechende imkerliche Maßnahmen eingeleitet werden.

Überwiegend bauen die Baubienen im Leerrahmen Drohnenzellen, die bei Saisonbeginn gern von der Königin bestiftet werden. Wenn die Bienen Arbeiterinnenzellen bauen, bedeutet dies, dass das Bienenvolk zu eng sitzt. Dann sollten Mittelwände eingehängt werden, um den Bautrieb und die Sammelfreudigkeit der Bienen zu unterstützen.

Das Einhängen von Mittelwänden und das regelmäßige Ausschneiden des Baurahmens fördern die Baulust und die Harmonie im Volk. Viele Imker geben auch zwei Baurahmen ins Bienenvolk, um diese wechselweise ausschneiden zu können.

☞ *Mehrere Bauanfänge (Wabenzungen), das Ansetzen von Weiselnäpfchen an den Rändern des Drohnenbaus oder ein plötzlich eintretender Baustopp sind untrügliche Hinweise für eine beginnende Schwarmstimmung im Bienenvolk.*

Ein schnell ausgebauter Baurahmen ist ein sicheres Anzeichen für die Vitalität des Volkes.

BAURAHMEN: WACHSLIEFERANT

Baurahmenwachs ist das allerbeste Wachs, das man bekommen kann. Daher sollte es nach Möglichkeit zum Einschmelzen genutzt werden.

Die Drohnenbrut ist vorher zu entdeckeln und mit einem scharfen Wasserstrahl auszuspülen.

Für das Schmelzen von Wachs ist ein Sonnenwachsschmelzer (SWS) zu empfehlen. Er benötigt nur Sonnenenergie und kann ohne Aufwand überall eingesetzt werden.

Die gewonnenen Wachsblöcke können gegen Mittelwände eingetauscht werden.

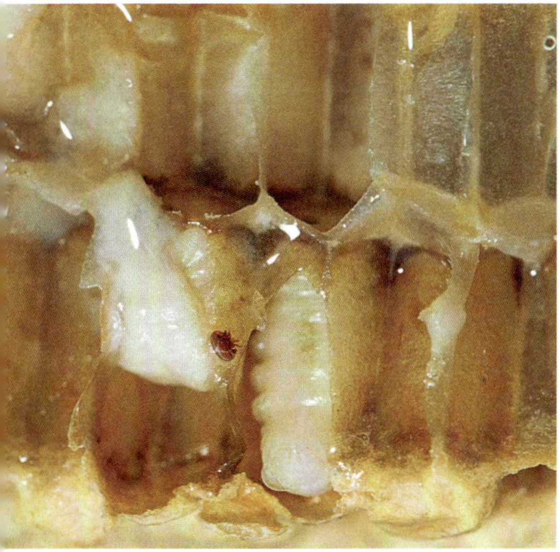

Drohnenbrut, die bereits von der Varroamilbe befallen ist.

Dieser Drohnenrahmen mit verdeckelter Drohnenbrut wird ausgeschnitten.

In diesem Fall müssen unbedingt schwarmverhindernde Maßnahmen eingeleitet werden (siehe S. 100).

VARROA-BEKÄMPFUNG

Drohnenbrut wird stärker von Varroamilben befallen als Arbeiterinnenbrut. Außerdem können sich die Milben – wegen der längeren Zeitspanne der Verdeckelung – in Drohnenwaben besser vermehren. Daher ist das Einhängen von Drohnenrahmen und das Ausschneiden von verdeckelter Drohnenbrut eine sehr wirksame und zu empfehlende Maßnahme zur biologischen Bekämpfung der Varroamilbe.

☞ *Durch die Entnahme aller Baurahmen bis Mitte Juli kann der spätsommerliche Milbenbefall eines Bienenvolkes um etwa die Hälfte verringert werden.*

Wenn der Bautrieb der Bienen erwacht, gibt man nacheinander zwei markierte Baurahmen pro Volk zu, die wechselweise ausgeschnitten werden. Sind die ersten Zellen des Baurahmens verdeckelt, dauert es noch knapp zwei Wochen bis zum Schlupf der ersten Drohnenbrut. Sobald der größte Teil der Zellen verdeckelt ist, wird der Baurahmen herausgenommen und die Drohnenbrut ausgeschnitten. Die verdeckelte Brut wird umgehend – am besten durch Einschmelzen – vernichtet.

Wichtig ist, dass man keine Drohnenbrut des Baurahmens schlüpfen lässt. Wer seine Völker in unregelmäßigen Abständen bearbeitet, sollte immer dann den Baurahmen ausschneiden, wenn bis zur voraussichtlich nächsten Durchsicht die Gefahr besteht, dass Drohnenbrut schlüpfen könnte. Man sollte dann auch Baurahmen ausschneiden, die nur teilweise verdeckelt sind, denn in den älteren, unverdeckelten Drohnenlarven befinden sich ebenfalls schon viele Varroamilben.

HAUPTTRACHT & SCHWARMZEIT — *Hochsaison im Bienenstock*

10

SAMMELN, SCHWÄRMEN, HONIG GEWINNEN

SOMMERTRACHT: VORRÄTE SAMMELN

Im Mai wechseln sich häufig sonniges, trockenes Wetter und unbeständige, nasskalte Phasen ab. Bei günstiger Witterung kommt rasch buntes Leben in Gärten, Felder und Wälder. Die Bäume und Hecken werden grün, und leuchtend gelbe Rapsfelder erstrecken sich bis zum Horizont.

Die Blüte der Kirschbäume läutet stets das „große Blühen" ein und bald darauf entfalten Blumen, Sträucher und Bäume ein Duftfeuerwerk. Zu erschnuppern sind jetzt der intensive Duft des Ginsters, der kräftige Geruch der Robinie und die unterschiedlichsten Düfte der Sommerblüher.

Zur Zeit der Sommersonnenwende, am 21. Juni, scheint die Sonne täglich über 16 Stunden lang. An vielen Orten blühen die Linden. Der Duft einer etwa 20-jährigen Linde, die zum ersten Mal in ihrem Leben in voller Blüte steht, berauscht nicht nur Menschen. An warmen Sommertagen hört man morgens und abends ein ständiges Summen von Bienen in den Linden.

Die reichliche Blütentracht treibt die Bienen dazu, verstärkt Nektar und Pollen zu sammeln. Im Mai blühen Apfelbäume, Winterraps und Kastanien, ab Ende Mai Himbeeren und Robinien und von Juni bis Juli die Linden.

TANZ AUF DER WABE

Es wäre eine große Energieverschwendung, wenn ein Volk alle Sammelbienen ziellos nach Nahrung suchen lassen würde. Deshalb werden spezielle **„Spurbienen"** auf die Suche nach Futter geschickt. Haben sie lohnende Nektarquellen entdeckt, fliegen sie nach Hause und melden ihre Funde. Dies geschieht in Form von Tänzen auf den Waben. Je nach Entfernung führen Bienen entweder einen Rundtanz oder einen Schwänzeltanz auf.

Rundtanz

Liegt der Trachtplatz bis etwa 100 m entfernt, tanzt die heimkehrende Sammelbiene Kreisbögen auf einer der senkrechten Waben. Andere Sammelbienen folgen der Tänzerin, denen sie in den Tanzpausen Futtertropfen abgibt. Am Duft und am Geschmack prägen sich die Bienen die Art des Futters ein. Außer

01

02

01 Bienen bei der Honigbearbeitung auf offenen Honigzellen.

02 Fleißige Nektar- und Pollensammlerin

Spurbienen haben eine interessante Tracht gefunden und informieren ihre Stockgenossinnen.

der ungefähren Entfernung und der Art des Futters kann die Biene auch dessen Ergiebigkeit vermitteln. Je heftiger und schneller sie tanzt, desto lohnender ist die Futterquelle.

Schwänzeltanz

Liegen Futterquellen 100 m und weiter entfernt, dann wäre ein Absuchen des Umkreises mühselig und zeitintensiv. In diesem Fall tanzt die Biene einen Tanz in Form einer Acht, wobei sie auf der Mittelstrecke mit dem Hinterleib schwänzelt. Bei diesem Schwänzeltanz werden neben der Art und Ergiebigkeit des Futters auch Entfernung und Richtung der Nahrungsquelle mitgeteilt. Bei einer geringen Tracht wird nur matt geschwänzelt, bei einem ertragreichen Futterangebot dagegen sehr heftig. Je weiter die Futterquelle entfernt ist, desto langsamer führt die Sammelbiene die Achten aus (siehe www.bienentanz.de).
Die Richtung zur Futterquelle teilen die Bienen mit, indem sie ihr optisches Erlebnis in ein „Schwerkraft"-Erlebnis umsetzen. Das bedeutet: Jede Biene kann sich mit Hilfe des Sonnenstandes den Flugwinkel merken, den sie beim Flug zur Futterquelle eingenommen hat. Beim Schwänzeltanz zeigt sie diesen Flugwinkel als Winkel zur Schwerkraft auf der senkrechten Wabe. Liegt die Trachtquelle genau in Richtung zur Sonne, tanzt die Biene die Mittelstrecke exakt senkrecht, mit dem Kopf nach oben. Das heißt: „Sucht in Richtung zur Sonne!" Schwänzelläufe mit dem Kopf nach unten zeigen die entgegengesetzte Richtung an.
Alarmierte Flugbienen müssen sich vollständig auf die Entfernungs- und Richtungsinformationen verlassen können, denn sie dürfen nur so viel Honig mitnehmen, dass er bis zur Trachtquelle reicht. Würden sie einfach „voll tanken", gäbe es keinen Überschuss an Nektar. Sie könnten dann nur die Menge an verbrauchter Energie wieder aufnehmen.
Normalerweise beschränkt sich der Flugradius der Bienen auf 3 km. Das tänzerische Informationssystem der Honigbiene funktioniert jedoch so gut, dass in Ausnahmefällen sogar Trachtquellen in bis zu 12 km Entfernung erfolgreich übermittelt werden.

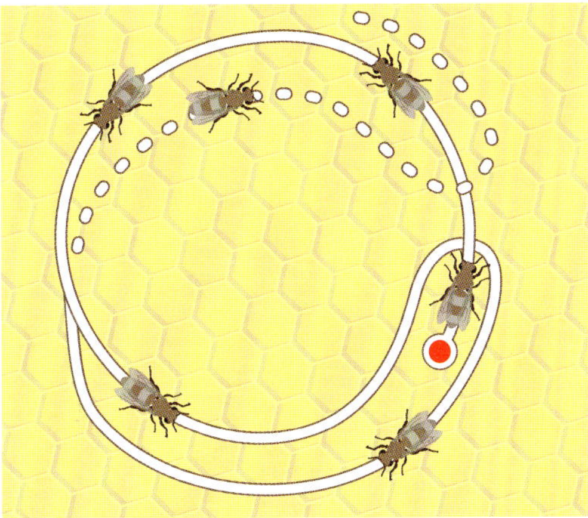

Rundtanz: Kundschafterin läuft einen kleinen Kreis hin und zurück – „Sucht in der nächsten Umgebung!"

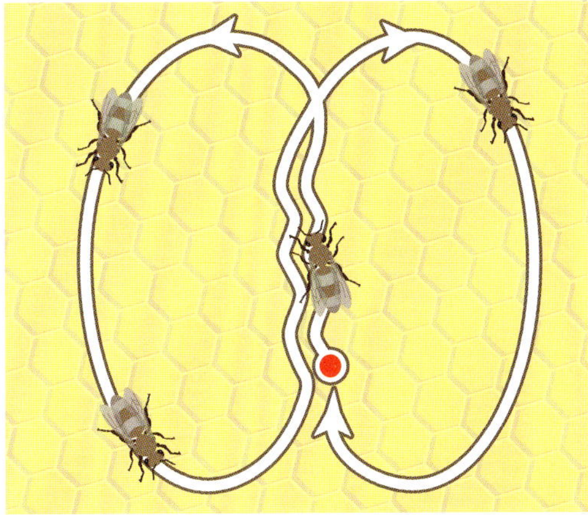

Kundschafterin läuft eine Figur in Form einer Acht. Auf der Mittelstrecke schwänzelt sie mit dem Hinterleib.

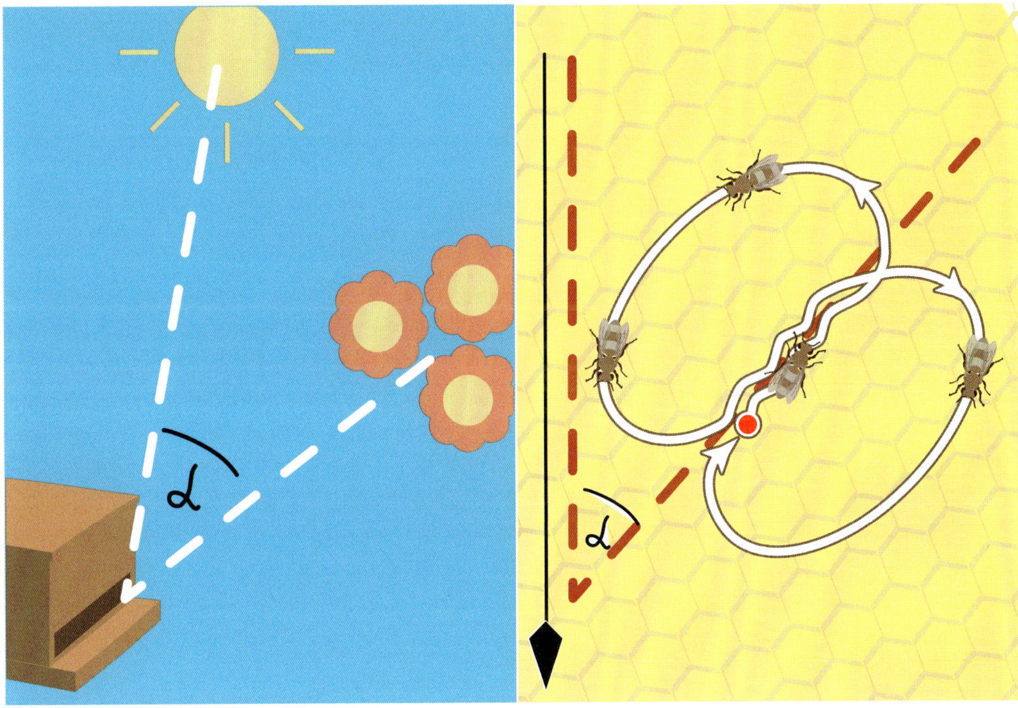

Befindet sich die Trachtquelle 30° rechts von der Sonne, tanzt die Biene ihre Schwänzelbewegungen als 30°-Winkel zwischen der Schwerkraftachse und der Schwänzelgeraden. Die benachrichtigten Bienen müssen dann mit 30°-Abweichung zum Sonnenstand ausfliegen.

TRACHTPFLANZEN
— *im Sommer*

WINTERRAPS

(Brassica napus sub. napus)

Nektar/Pollen: April, Mai
Herkunft: Mittelmeergebiet
Höhe: 100 – 200 cm
Wuchs: Zweijährig, als Blattrosette überwinternd, Stängel aufrecht, oben verzweigt; Blätter unten fiederteilig, oben herzförmig.
Vorkommen: nährstoff- und kalkreiche, lehmige, frische Böden
Verwendung: Bedeutenste Ölfrucht, auch Futterpflanze
Pollenhöschenfarbe: gelb

APFEL

(Malus domestica)

Nektar/Pollen: April, Mai
Herkunft: Wildformen aus Südosteuropa und Westasien
Höhe: 2 – 15 m
Wuchs: Baum, Gestalt beeinflusst von Unterlage, Sorte, Schnitt; breit eiförmige Blätter.
Vorkommen: tiefgründige, nährstoffreiche, frische Böden; sonniger Standort
Verwendung: Obst
Pollenhöschenfarbe: hell- bis dunkelgelb

ROSSKASTANIE

(Aesculus hippocastanum)

Nektar/Pollen: April – Juni
Herkunft: Südosteuropa
Höhe: 20 – 30 m
Wuchs: Baum mit rundlich ausladender Krone und gefingerten Blättern mit verkehrt-eiförmigen Teilblättern.
Vorkommen/Verwendung: Kühle Mischwälder, Park- und Schatten spendender Dorfbaum. Bevorzugt nährstoffreiche, frische Böden.
Pollenhöschenfarbe: ziegelrot

FAULBAUM

(Rhamnus frangula)

Nektar/Pollen: Mai – Juli
Herkunft: Europa, West- und Nordasien
Höhe: 4 – 6 m
Wuchs: Aufrecht wachsender Strauch oder Baum mit breiteiförmigen Blättern.
Vorkommen: Unterholz in lichten Wäldern, Gebüschen und Mooren; frische Böden.
Verwendung: Für Waldränder, Wasserläufe und Schutzpflanzungen.
Pollenhöschenfarbe: weißgelb

ORIENTAL. MOHN

(Papaver orientale)

Nektar/Pollen: Mai – Juli
Herkunft: Vorderasien
Höhe: 60 – 100 cm
Wuchs: Ausdauerndernd, aufrecht buschig, mit langen, gefiederten Blättern.
Vorkommen: durchlässige, frische Böden; sonnige Standorte.
Verwendung: Als Hintergrund für gemischte Beet- und Staudenpflanzungen.
Vermehrung: Aussaat, Teilung
Pollenhöschenfarbe: schwarzgrau

KORNBLUME

(Centaurea cyanus)

Nektar/Pollen: Juni – Sept.
Herkunft: Europa, Nordasien
Höhe: 20 – 90 cm
Wuchs: Einjährig; aufrechter, ästiger Stängel; lanzettliche, unten fiederteilige Blätter.
Vorkommen: Getreide- und Rapsfelder, ackernahes Ödland; lehmige Böden.
Verwendung: Zierpflanze für gemischte Rabatten und bunte Beete.
Vermehrung: Aussaat
Pollenhöschenfarbe: Hellgrau

ROBINIE

(Robinia pseudoacacia)

Nektar/Pollen: Mai, Juni
Herkunft: Nordamerika, Europa
Höhe: 10 – 25 m
Wuchs: Baum mit gefiederten Blättern mit eiförmigen Blättchen, Ausläufer treibend.
Vorkommen: Tockene Böden, sonnige Lage
Verwendung: Bodenbefestiger, Stickstoffsammler für Böschungen, auch Straßenbaum.
Pollenhöschenfarbe: graubraun

SOMMER-LINDE

(Tilia platyphyllos)

Nektar/Pollen: Juni, Juli
Herkunft: Europa, Südwestasien
Höhe: 15 – 40 m
Wuchs: Kurzstämmiger Baum mit rundlicher Krone und schief herzförmigen Blättern, blattunterseits weiße Achselbärte.
Vorkommen: Luftfeuchte Misch-, Schlucht- und Bergwälder; liebt tiefgründige, nährstoffreiche, frische, lehmige Böden.
Verwendung: Für Parks, Plätze und als prägender Dorfbaum.
Pollenhöschenfarbe: hellgelb

WEISSKLEE

(Trifolium repens)

Nektar/Pollen: Mai – Sept.
Herkunft: Europa
Höhe: 10 – 30 cm
Wuchs: Ausdauernd, kriechender, wurzelnder Stängel mit dreiteiligen Blättern.
Vorkommen: Rasen, Wegränder; bevorzugt nährstoff- und kalkreichen, frischen, lehmigen Boden.
Verwendung: Für Weiden, Wiesen, im Feldfutterbau für Klee-Gras-Gemische.
Pollenhöschenfarbe: braungelb

SONNENBLUME

(Helianthus annuus)

Nektar/Pollen: Juli – Sept.
Herkunft: Amerika
Höhe: 100 – 300 cm
Wuchs: Einjährig, mit aufrechtem, kaum verzweigtem Stängel und herzförmigen Blättern.
Vorkommen: Sonniger Standort, liebt nährstoffreichen, frischen, lehmigen Boden.
Verwendung: Ölfrucht und Futterpflanze, Zierpflanze in unterschiedlichen Wuchshöhen.
Pollenhöschenfarbe: dunkelgelb

SCHAFGARBE

(Achillea millefolium)

Nektar/Pollen: Juni – Sept.
Herkunft: Europa, Asien
Höhe: 30 – 100 cm
Wuchs: Ausdauernde Wild- und Heilpflanze mit aufrechtem, nur oben verzweigtem Stängel und 2–3-fach fiederteiligen Blättern.
Vorkommen: Halbtrockenrasen, trockene Wiesen, Dämme und Wegränder. Anspruchslos an den Boden, stickstoffliebend.
Pollenhöschenfarbe: ocker

ECHTER LAVENDEL

(Lavandula angustifolia)

Nektar/Pollen: Juli – Sept.
Herkunft: Mittelmeergebiet
Höhe: 20 – 60 cm
Wuchs: Ausdauernder Halbstrauch mit aufrechten, verzweigten Ästen und schmal lanzettlichen Blättern.
Vorkommen: Auf kalhaltigen, trockenen, lehmigen Böden von mittlerem Nährstoffgehalt an sonnigen Standorten.
Verwendung: Heil- und Gewürzpflanze. Als Zierpflanze für bunte Staudenrabatten.
Vermehrung: Aussaat, Stecklinge
Pollenhöschenfarbe: graugelb

HOCHSAISON IM BIENENSTOCK

Aufgrund des hohen Trachtangebots und der kurzen Lebenszeit der Sommerbienen werden viele Bienen im Stock gebraucht. Daher brütet die Königin verstärkt und legt bis zu 2.000 Eier am Tag. Innerhalb von drei Wochen werden über 40.000 Zellen bebrütet und täglich schlüpfen bis zu 2.000 Jungbienen.

☞ *Die durchschnittliche Größe eines Bienenvolkes liegt im Sommer bei 30.000 bis 50.000 Bienen.*

In diesem ständigen Aufschwung sind die Bienen voll auf Arbeit eingestellt. Ungefähr die Hälfte des Volkes – die Stockbienen – beschäftigt sich mit Zellenputzen, Brutpflege und Wabenbau. Waben werden jetzt sehr zügig gebaut, denn für Bienen, Brut, Honig- und Pollenlagerung brauchen die Völker viel Platz.

Alle Brutwaben werden in die mitgebrachte Leerzarge gestellt.

Zum Abfangen der Königin ist ein Klippkäfig sehr gut geeignet.

Nach dem Durchzählen hängt man die Brutwaben wieder ein und lässt die Weisel unter Sichtkontrolle in den Brutraum.

Da die Bienen im Sommer sehr viel arbeiten müssen, verschleißen sie sehr schnell und sterben nach drei bis sechs Wochen.
Der Imker muss in dieser Zeit hauptsächlich darauf achten, den geballten Sammel-, Bau- und Brutpflegetrieb seiner Bienenvölker geschickt zu unterstützen. Deshalb führt er folgende Arbeiten durch:
— Überprüfung der Volksgröße
— Honigraum geben
— Schwarmkontrolle
— Baurahmenwechsel
— Ablegerbildung

ÜBERPRÜFUNG DER VOLKSGRÖSSE

Im Mai haben Bienenvölker bei guten Tracht- und Witterungsbedingungen meist zwei Brutraumzargen, die voll mit Bienen besetzt sind. Man sollte in dieser Zeit prüfen, ob die Bienen bereits durchhängen (siehe S. 78) oder ob mindestens zehn Brutwaben mit überwiegend verdeckelter Brut vorhanden sind. Trifft eines zu, wird die Wohnung der Bienen um einen Honigraum erweitert. Bei weniger als zehn Brutwaben wird mit der Erweiterung noch gewartet. Während dieser Durchsicht wird gleichzeitig der Baurahmen kontrolliert und – falls nötig – gewechselt. Damit die Königin bei der Bearbeitung des Volkes nicht beschädigt wird, sollte sie mit einem Weiselfänger abgefangen werden. Ist keine junge Brut vorhanden, führt man eine Weiselprobe durch (siehe S. 103).

ERWEITERN DURCH AUFSETZEN EINES HONIGRAUMES

Der Honigraum ist eine weitere Zarge, die durch ein Absperrgitter vom Brutraum getrennt wird. Der Honigraum bleibt brutfrei, weil die Gitterabstände so klein sind, dass nur

Das Absperrgitter wird auf die obere Brutraumzarge gelegt.

Dann wird die vorbereitete Honigraumzarge aufgesetzt.

die Arbeitsbienen durchschlüpfen können. Die etwas dickere Königin passt nicht hindurch und kann daher keine Eier im Honigraum ablegen. Das ist wichtig, denn Brutwaben sollten nicht in die Honigschleuder geraten, weil sonst Brut im Honig landet.

Damit die Bienen schnell Honig eintragen und gleichzeitig ausgiebig bauen können, hängt man sowohl Leerwaben als auch Mittelwände in die Erweiterungszarge, die vorher wie immer vorbereitet wird.

Üblich sind fünf bis sechs Leerwaben und fünf bis sechs Mittelwände. Hat ein Anfänger noch keine ausgebauten Waben, kann er ausschließlich mit Mittelwänden erweitern. Beim Anordnen von Waben und Mittelwänden gibt es zwei Möglichkeiten: Man kann vier bis sechs ausgebaute Waben in die Mitte hängen und die Mittelwände rechts und links davon. Oder man ordnet Waben und Mittelwände abwechselnd an.

☞ *Am besten bereits bebrütete Waben in den Honigraum hängen. Sie sind stabiler und gehen später beim Schleudern weniger leicht zu Bruch.*

DER SCHWARMTRIEB

Jedes Bienenvolk will sich vermehren. Dabei will es nicht nur viele junge Bienen erzeugen, sondern auch neue Bienenvölker bilden. Das geschieht durch Teilung des alten Volkes.

Da Bienen für ein neues Volk eine weitere Königin brauchen, legen sie als Erstes Weiselzellen an, in denen sie junge Königinnen heranziehen. Die Weiselzellen sind ein sicheres Zeichen für eine beginnende Schwarmstimmung, in die fast jedes Bienenvolk in der Zeit von Anfang Mai bis etwa Mitte Juli gerät. Ob ein Bienenvolk im Frühling den Schwarmtrieb bis hin zum eigentlichen Schwärmen entwickelt, hängt von einer ganzen Reihe von Faktoren ab:

- genetisch bedingte Schwarmfreudigkeit,
- Platzmangel für Neubau von Waben für Brut, Nektar, Bienen,
- wenig offene Brut und viele pflegebereite Jungbienen,
- Alter der Königin (mehr als zweijährige Weisel),
- Pheromone (Duftstoffe) der Weisel reichen nicht für zu große Bienenmasse.

SCHWARMVORBEREITUNGEN

Sobald der Schwarmtrieb erwacht, ändert sich das Verhalten der Bienen deutlich. Sammel-, Bau-, Putz- und Pflegetrieb nehmen stark ab. Sammelflüge werden weitestgehend eingestellt, und das Bauen wird trotz guter Tracht und Volksstärke eingeschränkt. Die Königin wird immer weniger gefüttert, legt kaum noch Eier und verringert ihre Pheromonabgaben. Die meisten Bienen sitzen untätig im Stock oder belagern das Flugloch, wo sie in Trauben herumhängen.

SCHWÄRMEN

Unter natürlichen Bedingungen ist das Schwärmen für ein Bienenvolk die einzig mögliche Form, sich zu vermehren und zu verjüngen. Schwärmen bedeutet: Die alte Königin verlässt mit einem Teil ihres Volkes, dem Vorschwarm, den Stock. Nach dem Schlupf der jungen Königinnen kommt es manchmal zu weiteren Schwärmen, den Nachschwärmen.

Vorschwarm

Ein Schlüsselreiz für den Abgang des ersten Schwarms ist die Verdeckelung der ersten Weiselzelle – etwa acht bis neun Tage nach der Bestiftung. Dann zieht die alte Königin mit ungefähr der Hälfte der Bienen (Vorschwarm) aus dem Stock.

Nachschwarm

Sieben Tage nach der Verdeckelung der Weiselzelle schlüpft die erste Jungweisel. Ist das Volk stark genug, zieht sie bald danach mit einem weiteren Teil des Volkes aus. Es kann so lange zum Schlupf weiterer Königinnen und dem Auszug von Nachschwärmen kommen, bis der Schwarmtrieb der Bienen befriedigt ist. Ein Schwarm hängt sich meist als Schwarmtraube an einen Baumast oder Strauch. Danach fliegen die Spurbienen aus und suchen eine neue Wohnung. Durch Tänze auf der Schwarmtraubenoberfläche wird für die beste Wohnung geworben.

Dieser Schwarm hat sich an einem Ast niedergelassen und bildet eine große Traube. Spurbienen suchen jetzt eine neue Unterkunft.

HOCHZEITSFLUG

Nach dem Bezug einer neuen Wohnung fliegen die jungfräulichen Königinnen aus, um sich begatten zu lassen. Um eine Paarung mit den männlichen Bienen des eigenen Stockes zu vermeiden, finden die Hochzeitsflüge immer außerhalb statt. Für die Begattung sammeln sich die Drohnen der umliegenden Völker an sonnigen Tagen von Anfang Mai bis Ende August an bestimmten Plätzen in der freien Natur, den Drohnensammelplätzen. Über Entfernungen bis zu 12 km finden so Drohnen und Königinnen zusammen. Sobald die Drohnen den Duft einer Königin wahrnehmen, fliegen sie ihr in Gruppen hinterher. Die Jungkönigin paart sich in nur wenigen Stunden nacheinander mit bis zu 20 Drohnen. Dieser Geschlechtsakt – hoch oben in der Luft – ist nicht nur ein akrobatisches Kunststück, sondern für die Drohnen gleichzeitig ein Kamikazeunternehmen. Die Samenabgabe dauert nur wenige Sekunden und kostet den Drohn das Leben, da während der Begattung sein Geschlechtsorgan ausgerissen wird. Der nachfolgende Drohn entfernt dieses Begattungszeichen. Durch die Mehrfachbegattung nimmt die Jungweisel genügend Sperma für ihr gesamtes Leben auf. Nach diesem Hochzeitsflug kehrt sie in ihren Stock zurück, den sie nie mehr verlässt, außer zum Schwärmen.

DAS SCHWÄRMEN AUS IMKERSICHT

Der Schwarm ist der eigentliche Höhepunkt in der Volksentwicklung der Bienen. Trotzdem gibt es für Imker viele Gründe, das Schwärmen zu verhindern. Frei abfliegende Schwärme erfordern Aufsicht, um sie nicht zu verlieren. Wenn ein Schwarm nicht eingefangen werden kann, ist das nicht nur ein realer Verlust, sondern oft auch ein Ärgernis für Nachbarn und Anwohner. Völker, die sich durch den Schwarmprozess verkleinern, fallen für den Honigertrag des laufenden Jahres weitgehend aus. Summa summarum: Völker, die schwärmen, machen viel Arbeit und weniger Honig.

Ein „Spielnäpfchen" ist von echten Weiselzellen zu unterscheiden.

EINFANGEN EINES SCHWARMS

Um einen Schwarm einzufangen, braucht man einen Schwarmfangkasten, einen Wassersprüher, einen Abkehrbesen, eine große Leiter, etwas Geduld und sehr viel Ruhe.

Ist ein Schwarm gut erreichbar, wird er mit Wasser besprüht, wodurch sich die Bienen etwas zusammenziehen. Der Schwarmfangkasten wird unter den Schwarm gehalten und durch Abschlagen – kurzer, kräftiger Ruck am Ast – oder, bei ungünstigem Sitz, durch Abfegen in den Kasten befördert. Das Flugloch sollte man offen lassen oder den Deckel nicht ganz schließen (Schlitz unbedingt offen lassen!).

Der Kasten wird an einen schattigen Platz in unmittelbarer Nähe der Ansatzstelle gestellt. Ist die Weisel mit eingefangen worden, folgen ihr die restlichen Bienen in den Kasten. Falls nicht, ziehen die Bienen wieder aus, sammeln sich und müssen erneut eingeschlagen werden. Ist der eingefangene Schwarm komplett, wird der Kasten verschlossen und an einen kühlen, dunklen Platz (z. B. in einem Kellerraum) gebracht.

☞ *Bei hoch hängenden, schlecht erreichbaren Schwärmen sollte man auf keinen Fall selbst tätig werden, sondern die Feuerwehr verständigen bzw. den nächstgelegenen Imkerverein anrufen.*

BEHANDLUNG EINES SCHWARMES

Für den eingefangenen Schwarm stattet man ein Magazin mit Mittelwänden aus. Nach ein bis zwei Tagen „Kellerhaft" wird der Bienenschwarm am Abend in die neue Beute gesetzt. Ein Schwarm darf in den ersten drei Tagen nicht gefüttert werden, weil die Bienen mit gefüllter Honigblase losgeflogen sind und

Die Königin ist geschlüpft. Die alte Königin hat zuvor mit dem Schwarm die Behausung verlassen.

noch keine Möglichkeit haben, Futter einzulagern – sie müssen ja erst Waben bauen. Ab dem vierten Tag nach dem Einfangen wird der Schwarm so lange mit Zuckerwasser gefüttert, bis die Mittelwände ausgebaut und bestiftet sind.

Das zurückgelassene Muttervolk sollte – falls bekannt – auf Weiselzellen kontrolliert werden. Vorhandene Weiselzellen werden bis auf zwei ausgebrochen, oder es werden alle ausgebrochen und eine neue Königin zugesetzt. Da das Schwärmen von Bienen viel Arbeit und Mühe nach sich zieht, plädieren die meisten Bienenhalter für eine möglichst schwarmfreie Bienenhaltung und haben Maßnahmen zur Lenkung des Schwarmtriebes entwickelt. Zu diesen Lenkungsmaßnahmen gehören die Schwarmvorbeugung und die Schwarmverhinderung.

MASSNAHMEN ZUR SCHWARM-VORBEUGUNG

— Genügend Raum geben,
— Gelegenheit zum Bauen geben,
— junge Weiseln einsetzen,
— rechtzeitig Honig schleudern.

Raum geben

Als wichtigste Maßnahme gilt, immer für genügend Raum für die Erzeugung von Brut und das Eintragen von Nektar und Pollen zu sorgen. Bei guter Tracht besteht sonst schnell die Gefahr, dass die Bienen aus Platzmangel Honig in die Brutwaben eintragen. Imker sagen dazu: Das Brutnest „verhonigt“. Die Weisel findet dann keine leeren Zellen zur Eiablage und schränkt das Eierlegen ein. Die Jungbienen können keine Brut mehr pflegen und werden arbeitslos.

Bauen lassen

Eine weitere Maßnahme besteht darin, den Bienen die Möglichkeit zum Bauen zu geben. Ab April sollte immer ein Baurahmen im Volk sein – er dient nicht nur als Varroafalle (siehe S. 83). Außerdem sollten reichlich Mittelwände ins Bienenvolk gegeben werden, denn durch Bauenlassen und Raumgeben kann die Schwarmstimmung oft hinausgezögert werden.

Umweiseln

Da junge Königinnen die Schwarmstimmung leichter aufgeben, sollte man regelmäßig nach zwei Jahren umweiseln, d. h. die alte Königin durch eine junge Königin ersetzen (siehe S. 103).

Honig ernten

Es ist darauf zu achten, rechtzeitig Honig zu ernten, denn dadurch wird Platz geschaffen, ohne die Beute zu vergrößern. Außerdem lähmen volle Honigräume den Sammeleifer der Bienen.

MASSNAHMEN ZUR SCHWARMVERHINDERUNG

— Kontrolle auf Schwarmweiselzellen,
— Schröpfen (Entnahme von Brutwaben/ Bienen zur Ablegerbildung).

Kontrolle auf Schwarmweiselzellen

Schwarmweiselzellen befinden sich in der Regel an den Wabenrändern, hauptsächlich unten. Daher sollte man mit einer Kippkontrolle den Brutraum im Abstand von sieben bis zehn Tagen überprüfen. Sind Weiselzellen zu sehen, werden diese ausgebrochen und vernichtet oder für die Ablegerbildung verwendet.

Zusätzlich sollte man alle Brutwaben kurz kontrollieren. Falls man Weiselzellen findet, die im Brutnest sitzen, so sind das Nachschaffungszellen. In solchen Zellen ziehen sich die Bienen z. B. nach Verlust der Königin eine neue heran. Ist keine offene Brut vorhanden, lässt man eine von ihnen stehen.

Schröpfen

Beim Schröpfen werden mehrere überwiegend verdeckelte Brutwaben mit ansitzenden Bienen oder nur Bienen entnommen. Diese werden für die Bildung von Ablegern oder zur Verstärkung schwächerer Völker eingesetzt. Magazinvölker können auch durch die Entnahme einer ganzen Brutzarge geschröpft werden. Wir empfehlen generell, einmal im Jahr zu schröpfen. Die daraus gebildeten Ableger werden genutzt, um Völker zu vermehren, und bieten eine Möglichkeit, die Varroamilbe zu bekämpfen. Im Mai/Juni sitzen die Varroamilben überwiegend in der verdeckelten Brut. Durch die Entnahme von Brutwaben wird die Milbenanzahl in den Muttervölkern frühzeitig in hohem Maße reduziert. Die Ableger selbst lassen sich kurz nach ihrer Bildung wirkungsvoll gegen Varroose behandeln (siehe S. 42).
Um den Schwarmtrieb eines Volkes zu brechen, sollten alle überwiegend verdeckelten Brutwaben entnommen werden. Der ausgeräumte Brutraum wird mit den fast brutfreien Waben des Volkes, den Futterwaben, zwei Leerwaben und der Rest mit Mittelwänden ausgestattet. Die abgefangene Königin wird in einem Zusetzkäfig in das Magazin zurückgesetzt (siehe S. 94).
Die Honigwaben des Volkes werden geschleudert. Sobald die Mittelwände im Brutraum ausgebaut sind, erhält das Bienenvolk wieder

Durch die Kippkontrolle erkennt man den Schwarmtrieb eines Volkes schnell.

Sind Schwarmweiselzellen zu sehen, werden diese mit einem Stockmeiß el ausgebrochen.

Nachschaffungszellen sind umgebildete Arbeiterinnenzellen und meist mitten auf den Waben.

den Honigraum, der nach Möglichkeit mit Leerwaben ausgestattet wird. Damit ist oft der Schwarmtrieb erloschen, noch bevor er einsetzt.

BILDUNG EINES BRUTABLEGERS

In der Fachliteratur wird eine Vielzahl von Möglichkeiten der Ablegerbildung beschrieben (Brutableger, Königinnenableger, Zwischenableger, Flugling, Fegling u. a.). Wir stellen den Brutableger als einen der gebräuchlichsten vor.

Ein Brutableger wird aus drei bis fünf Brutwaben mit ansitzenden Bienen gebildet, die man entweder selbst eine neue Königin heranziehen lässt oder man kann ihnen auch eine junge Königin zusetzen. Die Brut sollte weitestgehend verdeckelt sein, damit bald Jungbienen schlüpfen. Als Ablegerkasten nehmen wir ein einzargiges Magazin mit Boden und Deckel.

Man entnimmt dem Muttervolk die benötigte Anzahl an Brutwaben und hängt diese in das neue Magazin.

BEWEISELN DES BRUTABLEGERS

Jeder Ableger zieht sich selbst eine Königin nach, wenn jüngste Brut (Eier oder ein bis zwei Tage alte Arbeiterinnenlarven) vorhanden ist.

Nach ungefähr sieben Tagen wird eine Weiselzelle verdeckelt und nach weiteren sieben Tagen ist mit dem Schlupf der neuen Königin zu rechnen. Sie bleibt eine knappe Woche im Volk, fliegt dann aus, um sich begatten zu lassen, und geht nach vier bis fünf Tagen in Eilage. Wenn alles klappt, dauert es etwa vier Wochen, bis man ein funktionsfähiges Jungvolk hat.

Um sicherzustellen, dass die alte Königin im Muttervolk bleibt, muss jede Brutwabe, die herausgenommen wird, genau kontrolliert werden. Befindet sich auf einer von ihnen die Königin, muss sie mit dem Weiselfänger abgefangen werden.

Links und rechts neben die Brutwaben werden je eine Futterwabe, eine Mittelwand und eine Leerwabe gehängt. Viele Imker geben noch eine Wasserwabe dazu. Entweder wird etwas Wasser auf eine Futterwabe gesprüht oder eine Leerwabe in Wasser getaucht. Das ist sinnvoll, weil nur wenige Flugbienen vorhanden sind, die Wasser holen können.

Die Futterwaben werden direkt neben die Brutwaben gehängt.

NEUBEWEISELUNG

Wer nicht wochenlang warten mag, bis ein Ableger sich eine begattungsfähige Königin heranzieht, der kann dem Ableger einfach eine junge Königin – begattet oder unbegattet – zusetzen. Vor dem Zusetzen müssen sämtliche Nachschaffungszellen gebrochen werden.

Die junge Weisel wird dem Brutableger innerhalb von 24 Stunden in einem Zusetzkäfig unter Futterteigverschluss zugesetzt. Dann lässt man die Königin von den Bienen „ausfressen", wozu die Bienen etwa ein bis drei Tage benötigen. In der Regel werden Königinnen von Ablegern (ohne Weisel oder Weiselzellen) problemlos angenommen.

Bei Verlust oder Tod einer Königin kann fast jedes Bienenvolk – wie hier beschrieben – neu beweiselt werden. Allerdings sollten Völker, in denen bereits Buckelbrut zu finden ist, aufgelöst werden.

Weiselprobe

Ist man sich nicht sicher, ob ein Volk eine Königin hat oder nicht, führt man eine Weiselprobe durch. Dazu wird eine Wabe mit jüngsten Maden oder Stiften in das Volk gehängt. Falls bei der Kontrolle nach fünf Tagen Weiselzellen zu sehen sind, ist das Volk tatsächlich weisellos. Nach Entfernen der Weiselzellen kann eine neue Königin zugesetzt werden.

UMWEISELN EINES VOLKES

Jede alte Königin legt irgendwann nur noch wenige oder gar nur unbefruchtete Eier, wenn ihr Spermavorrat zu Ende geht. Daher ist es regelmäßig notwendig, zweijährige Königinnen durch junge, begattete zu ersetzen. Das Umweiseln funktioniert genauso wie das Neubeweiseln: 24 Stunden nach Entnahme der alten

Königin mit Markierungsplättchen

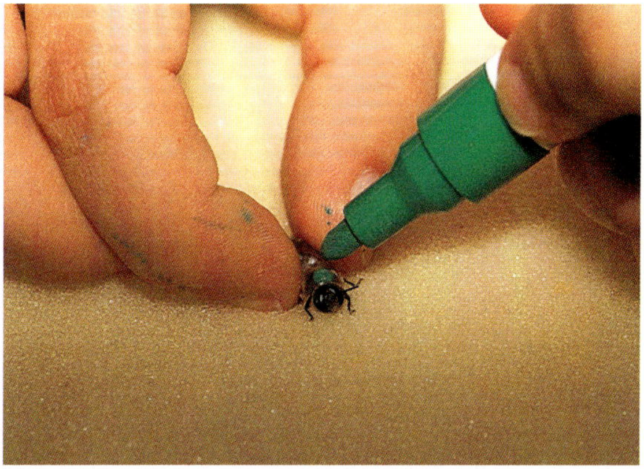

Zum Zeichnen ist auch ein farbiger Edding geeignet.

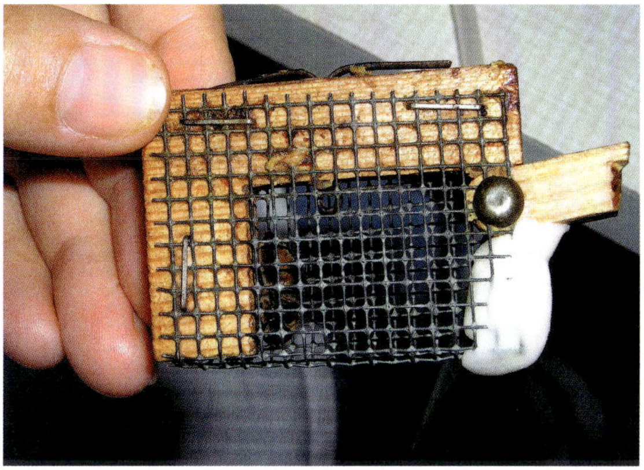

Der Klippkäfig wird mit Futterteig verschlossen.

Weisel wird die neue Königin in einem Zusetzkäfig unter Futterteigverschluss zugesetzt. Um die Königin im Bienenvolk besser ausfindig machen zu können und den Überblick über das Alter der vorhandenen Königinnen zu behalten, hat es sich durchgesetzt, die Königinnen farbig zu markieren. Je nach Jahreszahl wird sie weiß, gelb, rot, grün oder blau gekennzeichnet.

SAMMELN VON NEKTAR

Zwischen Bienen und Blütenpflanzen besteht ein starkes Abhängigkeitsverhältnis. Pflanzen brauchen die Bienen zur Blütenbestäubung, und Bienen brauchen energiespendende Nahrung. Deshalb produzieren Pflanzen den Nektar. Nektar ist eine wässrigsüße Lösung, die aus pflanzlichen Drüsen, den sogenannten Nektarien, ausgeschieden wird. Nektar besteht zu etwa 70 % aus Wasser und zu 30 % aus Rohrzucker, Frucht- und Traubenzucker. Farben wie Gelb, Weiß und Blau – in Kombination mit einem verlockenden Blütenduft – signalisieren einer Biene, dass hier Nektar zu finden sein müsste. Sie nimmt ihn mit ihrem Saugrüssel auf und setzt ihm gleichzeitig Speichelsekrete zu.

Da Bienen keine Taschen besitzen, haben sie einen besonderen Transportbehälter entwickelt – die Honigblase. Mit ihrer Hilfe transportieren sie Nektar, Honigtau und Wasser zum Bienenstock. Das Transportgut kann jederzeit wieder hochgepumpt werden, ohne dass eine Verdauung erfolgt. Dafür sorgt ein Ventiltrichter, der den Rücktritt von Nahrung aus dem verdauenden Mitteldarm in die Honigblase verhindert. Nur einen geringen Teil ihres Honigblaseninhalts verbraucht die Sammelbiene für sich selbst, das meiste liefert sie zu Hause ab.

DAS ZEITGEFÜHL DER BIENEN

Fast alle Pflanzen honigen nur zu bestimmten Tageszeiten, einige z. B. nur zwischen acht und elf Uhr. Der phänomenale Zeitsinn der Biene sagt ihr genau, wann eine Trachtquelle wieder zu „sprudeln" beginnt. Den Ort speichert sie auf ihrer kleinen „Festplatte". So lässt sich eine Biene nicht nur von Farben und Düften dirigieren, sondern auch von Tageszeiten.

WIE BIENEN NEKTAR ZU HONIG VERARBEITEN

Im Bienenstock angekommen, pumpt die Biene den gesammelten Nektar hoch und übergibt diesen Saft anderen Bienen. Bei der Weitergabe setzen nun auch die Stockbienen dem Nektar körpereigene Sekrete zu. Dieser Vorgang wiederholt sich mehrere Male im Stock. Durch die Futterkette werden die süßen Säfte eingedickt, wobei zwischen zwei Phasen unterschieden werden kann. In der aktiven Phase pumpen die Bienen den Honig langsam aus dem Saugrüssel heraus, lassen ihn an der Unterseite des Rüssels zu flachen Tropfen ausfließen und saugen ihn anschließend wieder ein. Dieser Vorgang wird in schneller Abfolge etwa 15 bis 20 Minuten lang wiederholt. Durch die warmen Temperaturen im Bienenstock verdunstet ein großer Teil des Wassers.

Ist der Wassergehalt des Rohhonigs auf 40 bis 50 % abgesenkt, hängen die Bienen den halbreifen Honig tröpfchenweise in die Waben-

Die Honigblase einer Biene kann bis zu 50 mg Nektar aufnehmen, die Hälfte ihres Körpergewichtes!

zellen und lassen diese offen. In dieser passiven Phase der Honigreifung wird weiteres Wasser an die Stockluft abgegeben. Um die wassergesättigte Luft nach draußen zu transportieren, bilden die Bienen ganze Ventilationsketten. Feuchtwarme Luft wird nach außen gefächelt und durch die meist kühlere Außenluft ersetzt. Zur gleichmäßigen Durchlüftung wird der Honig im fast reifen Zustand in andere Zellen umgetragen. Wenn er völlig reif ist, werden die Zellen endgültig aufgefüllt und mit luftundurchlässigen Wachsdeckeln verschlossen. So entsteht eine perfekte „Konserve" für magere Zeiten, insbesondere für den Winter.

☞ *Blüten- bzw. Nektarmenge für 1 kg Blütenhonig: Um ihren kleinen Honigmagen einmal mit Nektar zu füllen, muss eine Biene ungefähr 100 Blüten anfliegen. Um 1 kg Honig zu erzeugen, muss sie rechnerisch 3 Liter Nektar eintragen. Dafür muss sie ungefähr 6 Millionen Kleeblüten, 7,5 Millionen Rapsblüten oder 2 Millionen Robinienblüten anfliegen.*

WOHER KOMMT DER WALDHONIG?

Honig entsteht nicht nur aus Nektar, sondern auch aus Honigtau. Dies ist ein zuckerhaltiger Baumsaft, den Zier- und Schildlausarten als klebrigsüße Perlen ausscheiden. Bienen verarbeiten diesen Grundstoff zu Waldhonig.

GEWINNUNG VON HONIG

Die Honigernte erfolgt möglichst am Ende einer Tracht, z. B. nach der Raps- oder Robinienblüte – am besten früh morgens oder an trachtlosen Tagen. Man sollte niemals abends, nach gutem Trachtwetter, Honigwaben herausnehmen, denn oft ist der Honig dann zum Teil noch unreif.

WANN IST DER HONIG REIF?

Bevor Honig geerntet werden kann, wird kontrolliert, ob er reif ist. Reifer Honig hat einen Wassergehalt unter 20 %. Am besten ist es, wenn er zwischen 15 und 17 % liegt, dann kann man sicher sein, dass der Honig nicht zu gären beginnt. Es gibt zwei bewährte Möglichkeiten, die Schleuderreife zu prüfen:

Spritzprobe: Der Honig einer gefüllten Wabe darf nicht mehr aus der Wabe tropfen. Das stellt man durch eine kurze, ruckartige Bewegung der waagerecht gehaltenen Wabe, die „Spritzprobe", fest. Bleibt der Honig in den Wabenzellen, ist er schleuderreif. Fallen Tropfen aus den Waben, ist er nicht reif, und man muss noch ein paar Tage abwarten.

☞ *Faustregel: Wenn eine Honigwabe ungefähr zu drei Vierteln verdeckelt ist und bei der Spritzprobe kein Honig herausspritzt, kann die Wabe geschleudert werden.*

Wassergehalt messen: Eine genaue Messung des Wassergehaltes ist mit einem Refraktometer möglich, das man in vielen Imkervereinen ausleihen kann. Dennoch erhält man exakte Ergebnisse erst, wenn der Honig geschleudert ist, denn der Reifegrad des Honigs ist nicht auf allen Waben und in allen Zellen gleich.

Wenn bei der Spritzprobe der Honig in der Wabe bleibt, kann geschleudert werden.

Mit einem Refraktometer lässt sich der Wassergehalt des Honigs sehr genau messen.

Mit schiebenden Bewegungen werden die Zelldeckel flach abgehoben.

Das Entdeckelungswachs kann gesammelt und später eingeschmolzen werden.

RAUCH, WASSER, SAUBERKEIT

Rauch: Bei der Honigentnahme nur wenig Rauch verwenden, Honig nimmt sofort Fremdgerüche an.
Wasser: Dieses darf nicht zur Beruhigung der Bienen verwendet werden, da Wasser vom Honig angezogen wird.
Sauberkeit: Verwendete Werkzeuge, z. B. Abkehrbesen und Stockmeißel, müssen sauber sein.

WIE WIRD HONIG GEERNTET?

1. Vorbereiten und hinter dem Bienenvolk aufstellen: eine Zarge mit dicht verschlossenem Boden und Deckel, eine weitere Zarge, die ausgebaute, leere Waben und Rähmchen mit Mittelwänden enthält.
2. Unter sehr leichten Rauchgaben Deckel und Folie entfernen.
3. Eine Randwabe ziehen und die ansitzenden Bienen vor das Flugloch fegen. Sind etwa dreiviertel der Wabe verdeckelt und die „Spritzprobe" fällt positiv aus, hängt man die Wabe in die mitgebrachte Beute und schließt den Deckel sofort wieder.
4. Wabe für Wabe ziehen, die Bienen abfegen und die reifen Honigwaben in die Leerzarge stellen.
5. Nach der Entnahme der Honigwaben den Honigraum mit Leerwaben und Mittelwänden füllen.
6. Möglichst zügig arbeiten, um Räuberei zu vermeiden.

ENTDECKELN

Um den Honig von der Wabe zu trennen, müssen zunächst die Wabenzellen entdeckelt werden. Am besten stellt man dazu die Wabe

Honigschleuder mit Handantrieb für vier Waben.

Die entdeckelten Waben werden in den Schleuderkorb aus Drahtgeflecht gestellt.

auf ein leicht schräges Lattengestell oder in ein spezielles Entdeckelungsgeschirr. Heruntertropfender Honig wird in einer Wanne aufgefangen. Mit einer Entdeckelungsgabel werden die Zelldeckel flach abgehoben. Man setzt dazu an der unteren Wabenseite an und entdeckelt nacheinander beide Wabenseiten. Das anfallende Entdeckelungswachs wird in einem geeigneten Gefäß gesammelt.

SCHLEUDERN

Das endgültige Trennen des Honigs von den Waben geschieht heute nur noch mit Hilfe von Honigschleudern. Die Waben werden dabei nicht zerstört und können den Bienen als Leerwaben wieder zurückgegeben werden. Es gibt verschiedene Schleudertypen. Empfehlenswert für Hobby-Imker ist eine Korbschleuder mit Handantrieb für drei bis sechs Waben. Die entdeckelten Waben werden in den Schleuderkorb aus Drahtgeflecht gestellt. Folgendes ist zu beachten: Die Rähmchenoberleisten müssen den Unterleisten in Drehrichtung „folgen".

Die erste Wabenseite – sie zeigt nach außen in Richtung Kesselwand – wird mit geringer Drehzahl kurz angeschleudert. Dann wird die Wabe gewendet. Die jetzt außen befindliche Wabe wird mit voller Drehzahl komplett ausgeschleudert. Dann wird die Wabe zurückgewendet und die erste Wabenseite voll ausgeschleudert. Ohne das langsame Anschleudern und Wenden wird durch die Fliehkraft des Honigs das feine Wabenwerk auf der inneren Seite zerstört, und es entsteht Wabenbruch.

SIEBEN

Der ausgeschleuderte Honig enthält noch Wachsteile und eventuell andere Verunreinigungen, die mit einem Honigsieb zurückgehalten werden. Gebräuchlich sind Doppel-

Wachsteilchen und Verunreinigungen werden mit einem Sieb zurückgehalten.

Abschäumen des Honigs mit einem Löffel oder einem Teigschaber

siebe aus Metall oder Nylon, die aus einem gröberen oberen Sieb (Maschenweite 1,8 mm) und aus einem feinmaschigen (0,2 mm) Siebteil bestehen.

Die Schleuder wird nach Gebrauch mit warmem Wasser ausgewaschen, die Siebe werden nur mit kaltem Wasser gespült, damit die Wachsteilchen sich gut ablösen. Honigfeuchte Waben und die zum Schleudern benötigten Geräte dürfen nicht nach draußen gestellt werden, denn offene Futterstellen verführen Bienen zum Räubern.

ABSCHÄUMEN

Der frisch geschleuderte und gesiebte Honig sollte einige Tage in abgedeckten Gefäßen stehen bleiben. Da Luftbläschen aufsteigen, wird die entstehende weiße Schaumschicht abgehoben. Das Abschäumen des Honigs erfolgt mehrmals in einem Abstand von 24 Stunden.

RÜHREN

Nach dem Einsetzen der Kandierung – zeigt sich am Eintrüben und an der Bildung erster Kristalle – muss der Honig zweimal am Tag fünf bis zehn Minuten lang gerührt werden (Ausnahme: Robinien- und Waldhonig dürfen nicht gerührt werden). Er erhält dadurch eine geschmeidige, feincremige und somit streichfähige Konsistenz. Sobald der Honig zäh fließt, kann er abgefüllt werden.

ABFÜLLEN

Nach dem Rühren kann man Honig entweder in verschließbaren Kübeln kandieren lassen oder ihn in Honiggläser abfüllen. Zum Abfüllen ist ein Gefäß mit Quetschhahn zu empfehlen. Weil jeder Honig je nach Wassergehalt ein unterschiedliches spezifisches Gewicht hat, entstehen verschiedene Füllhöhen. Das exakte Gewicht ist mit einer geeichten Waage festzustellen.

Beim Rühren ist es wichtig, langsam zu rühren, damit keine Luft in den Honig kommt.

Der fertige Honig kann in Honiggläser abgefüllt werden.

☞ *Honig mit hohem Traubenzuckergehalt kristallisiert schnell, hart und feinkörnig (z. B. Rapshonig), Honige mit hohem Fruchtzucker- und niedrigem Traubenzuckergehalt bleiben flüssig (z. B. Robinienhonig).*

HONIGLAGERUNG

Honig muss dunkel, trocken und geruchsfrei lagern. Zu empfehlen sind Lagergefäße aus lebensmittelechten Materialien, da Honig Wasser und Gerüche anzieht. Die günstigste Lagertemperatur liegt bei ca. 15 °C.

HYGIENE

Während der gesamten Honigernte ist auf Sauberkeit zu achten. Der Raum, in dem geschleudert wird, sollte hell, trocken und sauber sein. Er muss bienendicht verschließbar sein und sollte nach Möglichkeit über einen Wasseranschluss oder eine Waschgelegenheit verfügen. Daher bietet sich zunächst die entsprechend vorbereitete Küche an (Pflanzen entfernen). Jeder Imker sollte in sauberer Kleidung und mit Kopfbedeckung arbeiten.

HONIGVERKAUF

Soll Honig verkauft werden, müssen ein paar rechtliche Regelungen beachtet werden. Wichtig sind hierbei die Honigverordnung (siehe S. 45), das Lebensmittelgesetz, die Loskennzeichnungsverordnung, die Fertigpackungsverordnung, das Eichgesetz und die Lebensmittelhygieneverordnung. Für den Verkauf muss Honig beim Abfüllen mit einer geeichten Waage eingewogen werden.
Wer die Qualitätsanforderungen des Deutschen Imkerbundes (D. I. B.) erfüllt, kann seinen Honig in Einheitsgläser des D. I. B. abfüllen und mit einer besonderen Banderole kennzeichnen.

Interessiert schaut der „Nachwuchs" bei der Honigernte zu.

BIENENPRODUKTE

— Schätze der Natur

01

02

03

Honig ist nicht das einzige Bienenprodukte, das von Bedeutung ist. **Wachs** erzeugen die Bienen in Drüsen und es wird von ihnen für den Wabenbau benötigt.

Blütenpollen sind die Eiweißquellen des Bienenvolkes. Er wird hauptsächlich für die Brutaufzucht verwendet.

Propolis, so heißt das Kittharz, mir dem die Bienen ihre Behausungen abdichten. Es wird von harzigen Pflanzenknospen gesammelt. Propolis unterdrückt das Wachstum von vielen Krankheitserregern

Gelée Royale oder **Weiselfuttersaft** dient als Futter für junge Larven und die Königin. Die Königin wird ausschließlich mit Gelée Royale aufgezogen. Die Arbeitsbienen müssen sich mit der Beimischung von Pollen und Nektar begnügen.

Bienengift, das in der Giftdrüse produziert wird, dient der Verteidigung von Bienen. Es wird aber auch zu medizinischen Zwecken beim Menschen eingesetzt.

Insgesamt finden Bienenprodukte aufgrund ihrer wertvollen Inhaltsstoffe vielerlei Anwendung, z. B. für medizinische und kosmetische Produkte, Pflegemittel, Süßwaren und natürlich traditionell als Gesundheitspflegemittel.

04

05

01 Honig gibt es in sehr vielen verschiedenen Geschmacksrichtungen. Jeder findet das Passende.

02 Honig, eine leckere Sache.

03 Die Kombination von Wachs und Honig ist ein besonderes Geschmackserlebnis.

04 Die Eiweißgrundlage für Bienen kann auch Nahrung für Menschen sein.

05 Wachs, das Baumaterial der Bienen, wird auch für vielfältige Zwecke genutzt.

FLUGLOCHBEOBACHTUNGEN UND IHRE BEDEUTUNG

ERSCHEINUNGSBILD	WAHRSCHEINLICHE URSACHE	MASSNAHME
Ab Januar ist direkt vor dem Flugloch Kondensfeuchtigkeit oder eine Eisbahn zu sehen.	Das Bienenvolk brütet bereits.	
Das Flugloch ist im Winter mit toten Bienen verstopft.	Die Temperaturen erreichen noch keine 8 °C, sodass die Stockbienen ihre toten Kolleginnen nicht hinaustragen konnten.	Der Imker muss das Flugloch frei machen.
Auf dem Flugbrett liegen Teile toter Bienen.	Eine Spitzmaus ist oder war in der Beute.	Mäusekeil anbringen und Mausefalle aufstellen.
Auf dem Flugbrett und an der Beutenfront sind starke Kotspuren zu sehen.	Das Volk ist an Nosematose oder an Ruhr erkrankt.	Siehe kleines Bienenlexikon S. 122
Auffallend starker Flugtrieb und Kämpfe vor dem Flugloch sind zu beobachten. Häufig liegen Zellenreste auf dem Flugbrett.	Das Volk wird ausgeraubt. Oft ist es weisellos.	Flugloch verkleinern und Weiselprobe durchführen (siehe S. 103).
Auf dem Flugbrett ist ein starker Totenfall zu sehen. Die toten Bienen haben größtenteils den Rüssel herausgestreckt.	Das Volk ist am Verhungern.	Es muss sofort eine Notfütterung durchgeführt werden (S. 76).
Zahlreiche Bienen tragen bei normalem Flugbetrieb Pollen ein. Jungbienen fliegen sich ein.	Das Volk ist in guter Harmonie und brütet.	
Das Bienenvolk ist unruhig und viele Bienen laufen suchend auf dem Flugbrett herum.	Das Volk ist wahrscheinlich vor wenigen Stunden weisellos geworden.	Weiselprobe durchführen (siehe S. 103), das Volk ggf. neu beweiseln.
Auf dem Flugbrett liegen Brutmumien oder verkalkte Nymphen.	Das Volk hat Kalkbrut.	Siehe kleines Bienenlexikon S. 121
Trotz guten Trachtangebots fliegen die Bienen nur mäßig. Auf dem Flugbrett sieht man viele Krabbler und/oder tote Bienen liegen.	Das Volk ist durch Pflanzenschutzmittel geschädigt.	Bienenprobe an die Untersuchungsstelle für Bienenvergiftungen schicken (Adresse S. 118).
Im Sommer bildet sich um das Flugloch herum ein Bienenbart.	Bei hohen Außentemperaturen hat das Volk Schwierigkeiten, die Stocktemperatur zu halten.	Das Volk braucht Platz. Honigraum und evtl. Brutraum erweitern.
Ab August fliegen bei einem Bienenvolk Wespen durchs Flugloch ein und aus.	Das Volk ist schwach und wird von Wespen ausgeraubt.	Das Flugloch verkleinern, damit die Wächterbienen besser kontrollieren können.
Ab September fliegen bei einem Volk noch Drohnen. Tote Drohnen und Drohnenlarven liegen auf dem Flugbrett.	Das Volk hat entweder spät umgeweiselt oder ist weisellos, oder es hat eine drohnenbrütige Königin.	Weiselprobe durchführen (S. 103). Ist keine Königin vorhanden, muss das Volk aufgelöst werden.

☞ STOCKKARTE

Datum	Volk Nr.	Allg. Befund	Volks-stärke	BW gesamt	FW gesamt	BR	MW	LW	BW	HW	Bemerkungen
14.04.	1	i. O. ♀ gr.	2 Z + ASG	7	4	+1	+6	+5			+BR / +Hr / +ASG
28.04.	1	i. O. ♀ gr.	3 Z	7	4	–1/+1					–BR / +BR BR ausgeschnitten
30.05.	1	i. O. ♀ gr.	3 Z	8	4		+6	+8	–3	–11	–Hr / +Hr, 1 Honigernte
30.06.	1	i. O. ♀ gr.	3 Z	5	2			+11		–11	–Hr / +Hr
30.07.	1	i. O. ♀ gr.	3 Z	5	2	–1		+1		–11	–Hr / –BR 1. AS-Behandlung Einrichten des Wintersitzes
20.08.	1	i. O. ♀ gr.	2 Z	6	2						Einfütterung, 7 kg Flüssigfutter
27.08.	1										Einfütterung, 7 kg Flüssigfutter
03.09.											Einfütterung, 7 kg Flüssigfutter
15.09.											2. AS-Behandlung

ÜBERSICHT DER VERWENDETEN KURZZEICHEN

2 Z	2 Zargen	ASG	Absperrgitter
BW	Brutwaben	Hr	Honigraum
FW	Futterwaben	Br	Brutraum
BR	Baurahmen	♀ gr.	Weisel/Königin grün (Zeichen)
MW	Mittelwände	♀	Arbeitsbiene
LW	Leerwaben	♂	Drohn
HW	Honigwaben	+/–	gegeben/genommen
AS	Ameisensäurebehandlung	i. O.	in Ordnung

SERVICE

— *Wissenswertes für Imker*

NÜTZLICHE ADRESSEN

Deutscher Imkerbund e. V. (D. I. B.)
Villiper Hauptstr. 3
D-53343 Wachtburg
www.deutscherimkerbund.de
Die Landesverbände finden Sie auf der Internetseite.

Österreichischer Imkerbund
Georg-Coch-Platz 3/11a
A-1010 Wien
www.imkerbund.at

Julius-Kühn-Institut
Bundesforschungsstelle für Kulturpflanzen; Untersuchungsstelle für Bienenvergiftungen
Messeweg 11-12
D-38104 Braunschweig
www.bba.de

INSTITUTE FÜR BIENENKUNDE

Niedersächsisches Landesamt für Verbraucherschutz und Lebensmittelsicherheit (LAVES)
Institut für Bienenkunde Celle
Herzogin-Eleonore-Allee 5
D-29221 Celle
www.bieneninstitut.de

Länderinstitut für Bienenkunde Hohen Neuendorf e. V.
Friedrich-Engels-Str. 32
D-16540 Hohen Neuendorf
www.honigbiene.de

Hessisches Dienstleistungszentrum für Landwirtschaft, Gartenbau und Naturschutz
Bieneninstitut Kirchhain
Erlenstr. 9
D-35274 Kirchhain
www.bieneninstitut-kirchhain.de

Fachzentrum Bienen und Imkerei Rheinland-Pfalz
Im Bannen 38-54
D-56727 Mayen
www.bienenkunde.rip.de

Landwirtschaftskammer Nordrhein-Westfalen
Fachbereich Bienenkunde
Nevinghoff 40
D-48147 Münster
www.imkerei.lwk.nrw.de

Landesanstalt für Bienenkunde an der Universität Hohenheim
August-von-Hartmann-Str. 13
D-70593 Stuttgart
www.uni-hohenheim.de/bienenkunde

Bayerische Landesanstalt für Weinbau und Gartenbau
Fachzentrum Bienen
An der Steige 15
D-97209 Veitshöchheim
www.lwg.bayern.de

Schweiz

Agroscope Zentrum für Bienenforschung
Schwarzenburgstr. 161
CH-3003 Bern
www.agroscope.admin.ch

Österreich

Bundesamt für Ernährungssicherheit; Abt. Bienenkunde und Bienenschutz der AGES
Spargelfeldstr. 191
A-1226 Wien

ZUM WEITERCLICKEN

Gut aufbereitete Informationen über Bienen, Bienenhaltung und Bienenprodukte erhalten Sie auf allen Homepages der Bieneninstitute.

Völkerführung durch die Jahreszeiten:
www.fh-weihenstephan.de/fgw/wissenspool
www.imker-schwaben.de/monatsanw.pdf

Die Honigmacher – Online-Kurse
(alles rund um Honigbiene und Imkerei)
www.die-honigmacher.de

Ein-bis zweiwöchig erscheinender kostenloser Infobrief der Bieneninstitute Mayen, Münster, Veitshöchheim, Kirchhain, Hohenheim, Hohen Neuendorf (Infobrief Bienen@Imkerei)
www.apis-ev.de/index.php?id=infobrief

Faulbrutmeldungen:
www.fli.de
www.varroawetter.de
www.uni-marburg.de/ag-biene/files/varroa

ZUM WEITERLESEN

(aus dem Kosmos-Verlag)

Bentzien, Claudia: **Ökologisch imkern.** Erfolgreich imkern nach den Regeln der Natur.

Bentzien, Claudia und Claudia Salata:
Selbst gemacht aus Honig, Wachs & Co.

Bort, Rosemarie: **Honig, Pollen, Propolis**

Hemmer, Cornelis und Corinna Hölzer:
Wir tun was für Bienen. Bienengarten, Insektenhotel und Stadtimkerei.

Kelén, Joana: **Tod einer Königin**. Warum sterben Bienen wie die Fliegen?

Pohl, Friedrich:
— **1 mal 1 des Imkerns**
— **Varroose**
— **Bienenkiste, Korb und Einfachbeute**
Naturnah und erfolgreich imkern.

Petrausch, Georg: **Imkern in der Stadt**

Pritsch, Günter: **Bienenweide**. 200 Trachtpflanzen erkennen und bewerten.

Schüler, Dennis: **Die Imkersprechstunde.** Rat und Tat vom Bienenprofi.

Staemmler, Geert: **Imkern rund ums Jahr**

von der Ohe, Werner: **Honig**. Entstehung – Gewinnung – Verwertung.

BIENENZEITSCHRIFTEN

Deutsches Bienenjournal
www.bienenjournal.de

Allgemeine Deutsche Imkerzeitung (ADIZ)
www.adiz-online.de

Imkerfreund
www.imkerfreund.de

die biene
www.diebiene.de

Bienen aktuell
www.bienenaktuell.de

Schweizerische Bienenzeitung
www.swissbee.ch

KLEINES BIENENLEXIKON

Ableger Kleinvolk, gebildet aus Brutwaben (mit gedeckelter Brut) mit ansitzenden Bienen, weiteren Leerwaben, Mittelwänden und einer Königin bzw. Weiselzelle.
Abschwefeln Eine sichere Art, schwer erkrankte oder stark geschwächte Bienenvölker zu töten. Man verschließt das Flugloch mit Schaumgummi und setzt zwei Leerzargen auf. Drei Schwefelschnitten werden in eine feuerfeste Dose gestellt und angezündet. Nach 5 bis 10 Minuten ist das Volk tot.
Absperrgitter Gitter aus Metall oder Kunststoff, das nur den Arbeiterinnen, nicht den Drohnen und der Königin den Durchgang gestattet. Wichtiges Zubehör zur Trennung von Brut- und Honigraum.
Ameisensäure Organische Säure, die zur Bekämpfung der Varroose eingesetzt wird.
Ammenbiene Junge, etwa vier bis zehn Tage alte Arbeitsbiene, die sich hauptsächlich um die Versorgung der Brut (Futtersafterzeugung) und die Temperaturregelung im Brutnestbereich kümmert.
Arbeiterin Neben der Königin (Weibchen) und den Drohnen (Männchen) die dritte Kaste im Bienenstaat
Baurahmen Ein leeres Rähmchen, in dem das Bienenvolk seinen natürlichen Bautrieb frei ausleben kann. Baurahmen können durch das Ausschneiden der Drohnenbrut zur Dezimierung der Varroamilbe genutzt werden.
Bestäubung Pollen wird auf den Stempel einer Blüte übertragen.
Bestiften Eiablage durch die Königin
Beute Von Menschenhand hergestellte Bienenwohnung
Bienenbrot In den Waben eingelagerter und konservierter Pollen
Buckelbrut Drohnenbrut in den Arbeiterinnenzellen. Sie entsteht, wenn der Samenvorrat der Königin erschöpft ist und sie nur noch unbefruchtete Eier legen kann, aus denen sich stets Drohnen entwickeln. Bei längerer Weisellosigkeit beginnen oft auch einige Arbeiterinnen, sogenannte „Drohnenmütterchen“, unbefruchtete Eier zu legen. Der Name „Buckelbrut“ kommt davon, dass die Wabenzellen einen erhöhten Zelldeckel bekommen, welcher der Brut ein buckelartiges Aussehen verleiht.
Carnica-Biene Unterart der Westlichen Honigbiene Apis mellifera, in Deutschland weit verbreitet.
Drohn Männliches Mitglied der Bienenfamilie, nur im Frühling und Sommer im Volk zu finden. Sie haben keinen Stachel und sammeln weder Pollen noch Nektar.
Drohnenbrütigkeit siehe Buckelbrut
Drohnensammelplatz Bestimmte Punkte im Gelände, an denen sich die Drohnen und die jungen Königinnen zur Begattung treffen, bevorzugte Flughöhe: 10 bis 20 m.
Drohnenschlacht Am Ende des Bienensommers (Juli/August) werden die Drohnen nicht mehr länger in den Völkern geduldet und notfalls aus dem Stock gezerrt.
Einwinterung Sie beginnt im August mit dem Einrichten des Wintersitzes, der Einfütterung und der Bekämpfung der Varroamilben mit Ameisensäure und endet im September/Oktober mit dem Einengen des Fluglochs auf eine Höhe von max. 7 mm.
Erweiterung Zugeben von Waben, Mittelwänden oder einer ganzen Zarge beim Erstarken des Volkes im Frühjahr, um Platz zu schaffen und damit auch gleichzeitig einem vorzeitigen Schwarmtrieb vorzubeugen.
Flugloch (Ganzjährig geöffnete) Ein- und Ausflugöffnung an der Beutenvorderseite

Frühtracht Von Frühtracht spricht man, wenn im Frühjahr größere Mengen an Nektar aus Obstblüte und Raps eingetragen werden. Die Honige aus der Frühtracht sind Blütenhonige und kandieren schnell.

Futterwabe Mit Honig oder Winterfutter gefüllte Wabe

Gelée Royale Weiselfuttersaft, flüssige Nahrung aus der Kopfdrüse junger Arbeiterinnen. Eine Königin wird ihr ganzes Leben lang mit Gelée Royale gefüttert.

Gemüll Bezeichnung für alles, was im Volk abfällt und sich auf dem Beutenboden ansammelt. Es enthält u. a. abgenagte Zelldeckel, Futterkristalle, Pollenreste, tote Bienen und Varroamilben. Durch eine Untersuchung des Gemülls erhält man Informationen über den Zustand des Volkes.

Honigwabe Mit Honig gefüllte Wabe

Kalkbrut Es handelt sich um eine durch einen Schimmelpilz (*Ascosphaera apis*) hervorgerufene, ansteckende Brutkrankheit. Man erkennt sie daran, dass verkalkte Brutmumien vor dem Flugloch oder im Gemüll liegen. Bei schwachem Befall kann man die erkrankte Brut entnehmen und die befallenen Waben einschmelzen. Bei starkem Befall sollte man einen Kunstschwarm bilden. Tritt eine Krankheit auf, sollte grundsätzlich ein erfahrener Imker zu Rate gezogen werden. → Nosematose → Ruhr

Kittharz siehe Propolis

Königin Auch Weisel genannt; einziges voll entwickeltes Weibchen im Bienenstaat. Ihre Aufgabe besteht darin, Eier zu legen und damit den Fortbestand des Volkes zu sichern. Darüber hinaus sorgt sie durch die Abgabe der Königinnensubstanz an die Arbeiterinnen für Harmonie und den Zusammenhalt des Volkes. Sie wird in der Regel zwei bis drei Jahre alt (ausnahmsweise bis zu fünf Jahre).

Königinnensubstanz Ein in den Kieferdrüsen der Königin erzeugter Duftstoff mit hormonähnlicher Wirkung. Wird von den Bienen aufgenommen und an alletockgenossinnen weitergegeben; sorgt für den Zusammenhalt des Volkes und hemmt die Entwicklung der Fruchtbarkeit der Arbeitsbienen. → Pheromone

Kunstschwarm Imkerliche Methode zur Völkervermehrung oder zur Behandlung von Krankheiten (z. B. Kalkbrut, Amerikanische Faulbrut). Erkrankte, aber noch starke Völker können als Kunstschwärme weitergepflegt werden. Dazu fegt man die Bienen (inklusive der Königin) von den Waben in eine Kunstschwarmkiste mit aufgesetztem Abkehrtrichter. Die Brut, sämtliche Waben und Vorräte werden vernichtet. Der Kunstschwarm wird an einen kühlen, dunklen Ort gestellt und zwei Tage lang nicht gefüttert, damit die sporenbelasteten Honigvorräte aufgebraucht werden. Anschließend schlägt man den Kunstschwarm auf Mittelwände in neue oder desinfizierte Beuten ein. Er darf zunächst nur mit Zuckerwasser oder Api-Invert gefüttert werden (keine Futterwaben einhängen oder Honige verfüttern!).

Magazinbeute Oberbehandlungsbeute; der in der ganzen Welt am meisten verbreitete Beutentyp. Merkmale: Magazin besteht aus stapelbaren Teilen (Boden, mehreren Zargen, Deckel).

Metamorphose Die Honigbiene entwickelt sich – wie die meisten Insekten – über drei Stadien: Ei, Larve, Puppe zum fertigen Insekt.

Mittelwand Aus Bienenwachs hergestellte Wachsplatte, die mit einer Zellprägung versehen ist. Sie gibt den Bienen vor, Waben gleichmäßig als Arbeiterinnenzellen zu errichten.

Nachschaffungszelle Weiselzelle, die aus einer Arbeiterinnenzelle entstanden ist, befindet sich meist mitten auf der Wabe. Verliert ein Bienenvolk seine Königin, dann zieht es sich eine neue Weisel aus Arbeiterinnenbrut nach. Es gestaltet eine bzw. mehrere Arbeiterinnenzellen zu großen Königinnenzellen um und zieht junge Arbeiterinnenlarven zu Königinnen auf, indem diese mit Geleé Royale gefüttert werden.

Nachschwarm Geht nach dem Vor- oder Hauptschwarm ab. Nachschwärme sind deutlich schwächer als Vorschwärme und haben eine unbegattete junge Königin.

Nektar Zuckerhaltiger, süßer Saft aus besonderen Drüsen der Blüte (Nektarien). Ausgangsprodukt für den Blütenhonig

Nosemose Die Nosemose ist eine Darmerkrankung der erwachsenen Biene und wird durch ein Sporentierchen (*Nosema apis* oder *Nosema cerana*) verursacht. Erkrankte Bienen sind oft flugunfähig und haben einen aufgetriebenen Hinterleib. Sie geben unkontrolliert Kot ab, den man als hellbraune und gelbe Pünktchenkette auf den Flugbrettern und den Beutenwänden finden kann. Um dieser Krankheit vorzubeugen, sollte man seine Völker eng halten (das fördert den Putztrieb der Bienen) und für eine saubere Bienentränke sorgen. Auf Ständen mit erhöhter Nosemagefahr kann man den Wabenvorrat und die Beuten mit 60 %iger technischer Essigsäure desinfizieren.

Oxalsäure Wirkstoff zur Bekämpfung der Varroose.

Pheromone Hormonähnliche Duftstoffe, mit denen das Verhalten im Bienenstock gesteuert wird.

Pollen Blütenstaub (Eiweißnahrung)

Pollenwabe Eine überwiegend mit Pollen gefüllte Wabe

Propolis Kittharz, aus gesammelten Baumharzen hergestellter Baustoff, den die Bienen zum Stopfen von Ritzen und Spalten verwenden.

Puppe Ruhestadium in der Bienenentwicklung, → Metamorphose

Rähmchen: Rahmen aus Holzleisten, in denen Bienen ihre Waben bauen. Sie ermöglichen einen Blick in das Innere eines Volkes und erleichtern das imkerliche Handeln.

Rankmade Wabenzerstörende Larve der Wachsmotte

Räuberei Besonders in trachtlosen Zeiten überfallen Bienen manchmal schwächere Völker mit der Absicht, eventuell vorhandene Honigvorräte zu „stehlen“. Räuberei wird oft durch Unvorsichtigkeit des Imkers ausgelöst.

Refraktometer Optisches Messgerät zur Ermittlung des Wasser- bzw. Zuckergehaltes einer Flüssigkeit, z. B. Honig

Reinigungsflug Erster Ausflug der Bienen nach der Zeit der Winterruhe, sobald das Thermometer über 12 °C klettert. Dabei können die Bienen ihre Kotblase entleeren.

Ruhr Eine nicht ansteckende Durchfallerkrankung, die meistens im Frühjahr auftritt. Erkrankte Bienen haben einen aufgetriebenen Hinterleib und hinterlassen braune Kotflecken in und vor dem Stock. Vor allem im Bereich des Bienensitzes sind die Waben stark verkotet. Das erkrankte Volk wird in eine neue Beute mit sauberen Waben umgesetzt. Es erhält warmes Zuckerwasser (1 : 1) und sollte möglichst eng gehalten werden. Die verkotete Beute kann durch Auswaschen mit heißer 3 %iger Natronlauge gereinigt werden. Verkotete Waben müssen vernichtet werden.

Rundtanz Element aus der Bienentanzsprache. Zeigt eine Futterquelle im Bereich von ca. 50 bis 100 Metern rund um den Stock an.

Schröpfen Maßnahme des Imkers, durch Entnahme von Brut und Bienen (Ablegerbildung) einem frühzeitigen Ausbruch des Schwarmtriebes vorzubeugen.

Schwänzeltanz Tanzsprache. Zeigt eine Trachtquelle an, die ca. 100 m vom Stand entfernt liegt.
Schwarmtraube Die beim Schwärmen ausgezogenen Bienen sammeln sich um ihre Königin und bilden die sogenannte Schwarmtraube.
Schwarmzelle Weiselzelle, die zur Schwarmzeit angelegt wird, ist oft am Rand der Rähmchen zu sehen. Aus dieser besonderen Weiselzelle schlüpft die Nachfolgerin der ausschwärmenden Königin.
Stifte Eier
Stilles Umweiseln Natürliche Form der Königinnenerneuerung ohne Schwarmakt. Eine alte Königin wird durch eine junge ersetzt.
Stockgeruch Der für jeden Bienenstock charakteristische Geruch entsteht u. a. durch den Weiselstoff (Pheromone) der Königin.
Stockkarte Karte, auf der alle imkerlichen Arbeiten pro Volk im Laufe eines Jahres festgehalten werden. Die Auswertung der Stockkarten gibt dem Imker die Möglichkeit, die Entwicklung der Völker zu beurteilen und die nächsten Arbeiten zu planen.
Tanzsprache Kehrt eine Trachtbiene vom Sammelflug in den Stock zurück, dann teilt sie mit Hilfe verschiedener Tänze, die sie auf einer Wabe vollführt, den anderen Sammlerinnen sehr genau mit, wo reichlich Nektar, Honigtau oder Pollen zu finden sind. Für die Entdeckung der verschiedenen Tanzsprachen im Jahre 1923 erhielt der Forscher Karl von Frisch den Nobelpreis. → Rundtanz, → Schwänzeltanz
Tracheen Teile des Atmungsorgans der Biene; Luftröhrensystem, das über die Atemöffnungen an der Körperoberfläche Atemluft aufnimmt.
Tracht Sammelbegriff für das Angebot der Natur an Nektar oder Pollen, abhängig von der Jahreszeit, z. B. Obstblütentracht, Rapstracht, Lindentracht etc.
Umweiselung Austausch der Königin (Weisel) durch den Imker, aber auch durch die Bienen selbst. → Stille Umweiselung
Varroamilbe (*Varroa destructor*) Milbe, Form: queroval, Größe: 0,8 bis 1,2 mm. Farbe: mittel- bis dunkelbraun; gefährlicher Parasit mit hoher Vermehrungsrate.
Vorschwarm Bienenschwarm mit Altkönigin. Der Vorschwarm ist meist sehr friedlich.
Wabenstetigkeit Merkmal der Carnica-Bienenrasse. Die Bienen fliegen nicht sofort auf, wenn sie kontrolliert werden, sondern bleiben ruhig auf den Waben sitzen.
Wachsmotte Große Wachsmotte (*Galleria mellonella*) und Kleine Wachsmotte (*Achroea grisella*). Schmetterlinge, deren Larven (*Rankmaden*) die Waben zerstören. Vorratswaben müssen deshalb vor dem Mottenfraß geschützt werden, entweder durch mehrmaliges Schwefeln oder (bei überschaubarem Wabenvorrat) durch ein Tiefgefrieren der Waben.
Weisel Königin
Weisellosigkeit Fehlen einer Königin. Merkmale der Weisellosigkeit: keine Eier oder ausschließlich Drohnenbrut auf den Brutwaben, allgemeine Unruhe im Stock, Heulen des Volkes, verkotete Rähmchen, zunehmende Stechlust. Das Volk muss dann neu beweiselt werden.
Wildbau Im freien Raum errichteter Wabenbau, z. B. im hohen Unterboden
Zarge Beutenteil
Zeichnen Zum Zeichnen der Königin stehen dem Imker Opalithplättchen in fünf verschiedenen Farben zur Verfügung. Jedes Jahr gibt es eine andere Farbe:
2016 – weiß, 2019 – grün,
2017 – gelb, 2020 – blau,
2018 – rot, 2021 – wieder weiß usw.
Da Königinnen nie älter als 5 Jahre werden, erkennt der Imker an der Farbe das Alter.

DAS AUTORENTEAM

Unter Leitung von Professor Dr. Kaspar Bienefeld (siehe Klappe hinten) haben sieben Mitarbeiter aus dem imkerlichen, künstlerischen, technischen und pädagogischen Bereich ein Imkerbuch für Anfänger gestaltet.

Kathrin Gillar (Imkerin); imkerliche Arbeiten

Brigitte Komnick (Pädagogin); Texterstellung

Christine Meinhardt (Agrarwissenschaftlerin); imkerliche Beratung

Sigrun Nowack (Designerin); Fotos und Grafiken

Renate Wreh (Bibliothekarin); Recherche und Literaturbeschaffung

Klaus Ruckdäschel (Ingenieur); Konzept und Fotos

Fred Zautke (Dipl.-Ing. agr.); Fotos

DANK

Für die kritische Durchsicht des Manuskriptes, die fachliche Beratung und viele exzellente Anregungen danken wir vor allem Herrn Jens Radtke, Herrn Professor Dr. Günter Pritsch, Frau Katrin Schefe, Frau Petra Kühn und Herrn Jakob Wegener ganz herzlich. Ebenso möchten wir uns bei unseren zahlreichen jugendlichen Probelesern bedanken, die mit vielen Vorschlägen und guten Ideen an der Verständlichkeit dieses Ratgebers mitgewirkt haben. Unser besonderer Dank gilt dem KOSMOS-Verlag und vor allem Frau Hilke Heinemann, die dieses Buch engagiert und fantasievoll realisiert haben.

Maßnahmen zur — Bekämpfung

160 Seiten

Seit die östliche Honigbiene Anfang der 1970er-Jahre von Ostasien nach Europa kam, stellen die mit ihr eingeschleppten Varroamilben eine der größten Bedrohungen unserer Bienenvölker dar. Der ehemalige Bienenseuchensachverständige und Imker Dr. Friedrich Pohl erklärt, was es mit den Milben auf sich hat, weshalb sie so gefährlich sind und was Imker beim Befall und zur Vorbeugung tun müssen, um den Verlust ganzer Völker zu verhindern und die Ausbreitung zu minimieren.

kosmos.de

REGISTER

BILDNACHWEIS

139 Farbfotos wurden vom LIB (Länderinstitut für Bienenkunde Hohen Neuendorf) aufgenommen. Weitere Farbfotos von Günter Pritsch (25: 32 m., 33 re., 34, 72, 73, 74, 90, 91 m., 91 re., 92, 93), Shutterstock (10: © Anna Jurkovska S. 49, © Ollinka S. 59, © hikrcn S. 60, © Mirek Srb S. 68, © Budimir Jevtic S. 71, © Nowak Lukasz S. 84/85, © Lehrer S. 87 o., © Africa Studio S. 113 o. li., © Mahathir Mohd Yasin S. 113 o. re., © hsfoto S. 113 u.).

Mit Illustrationen von Karsten Elze (7: 18, 63, 69, 89), Sigrun Nowak (4: 11, 51, 55, Klappe hinten innen). Icons „Imker“ und „Biene“ von Wolfgang Lang.

IMPRESSUM

Umschlaggestaltung GRAMISCI Editorialdesign, München unter Verwendung von zwei Farbfotos von Shutterstock © Maciej Olszewski (vorne) und LIB (hinten). Mit einer Illustration von Shutterstock © Macrovector (vorne).

Mit 182 Farbfotos.

Unser gesamtes Programm finden Sie unter **kosmos.de**.
Über Neuigkeiten informieren Sie regelmäßig unsere Newsletter, einfach anmelden unter **kosmos.de/newsletter.**

Pfizerstraße 5–7, 70184 Stuttgart
kosmos.de/servicecenter

ISBN 978-3-440-14949-2
Gestaltungskonzept: Peter Schmidt Group GmbH, Hamburg
Gestaltung und Satz: DOPPELPUNKT, Stuttgart
Redaktion: Hilke Heinemann
Produktion: Eva Schmidt
Druck und Bindung: Westermann Druck Zwickau GmbH, Zwickau
Printed in Germany / Imprimé en Allemagne

FSC
www.fsc.org
MIX
Papier | Fördert gute Waldnutzung
FSC® C110508